生活因阅读而精彩

生活因阅读而精彩

世界很浮华／守住这颗心

叶落成 著

中国华侨出版社

图书在版编目(CIP)数据

世界很浮华,守住这颗心 / 叶落成著.—北京:中国华侨出版社,2014.7(2021.4重印)

ISBN 978-7-5113-4724-4

Ⅰ.①世… Ⅱ.①叶… Ⅲ.①人生哲学–通俗读物 Ⅳ.①B821-49

中国版本图书馆 CIP 数据核字(2014)第 116476 号

世界很浮华,守住这颗心

著　　者 /	叶落成
责任编辑 /	月　阳
责任校对 /	王京燕
经　　销 /	新华书店
开　　本 /	787 毫米×1092 毫米　1/16　印张/16　字数/229 千字
印　　刷 /	三河市嵩川印刷有限公司
版　　次 /	2014年8月第1版　2021年4月第2次印刷
书　　号 /	ISBN 978-7-5113-4724-4
定　　价 /	45.00 元

中国华侨出版社　北京市朝阳区静安里 26 号通成达大厦 3 层　邮编:100028
法律顾问:陈鹰律师事务所
编辑部:(010)64443056　64443979
发行部:(010)64443051　传真:(010)64439708
网址:www.oveaschin.com
E-mail:oveaschin@sina.com

前言

日复一日，你是否已经习惯了每天的奔波忙碌？月复一月，你是否已经习惯了生活的枯燥乏味？年复一年，你是否已经习惯了世界的浮华喧嚣？工作的忙忙碌碌中，你心烦意乱；生活的痛苦失败中，你意志消沉……

其实，你只是，在这个浮华的世界中，迷失了自己的心。

如果你内心的灰尘太厚，即使给你一整片天空，你也看不到明媚的阳光。打开心情，阳光自然就会照射到你身上。所以，你要学会在浮华的世界中扫除内心的灰尘，放飞轻盈自在的心灵，为心灵寻找一处平和的港湾。

人生，说到底，活的是心情。人活得累，是因为能左右你心情的东西太多。天气的变化、人情的冷暖、不同的风景都会影响你的心情，而它们都是你无法左右的。看淡了，天无非阴晴，人不过聚散，地只是高低。沧海桑田，我心不惊，自然安稳；随缘自在，不悲不喜，便是晴天。

所以，从今天开始，帮自己一个忙，为自己活着，不必在意他人的评价，不再承受身外的目光；从今天开始，帮自己一个忙，做喜欢的事，不再疏离亲近的人，不再束缚情感的空间；从今天开始，帮自己一个忙，抛弃伪装的面具，卸下所有的负担，让自己活得轻松而充盈。

心态安好，则幸福常存。时间的变换，去了旧痛又来了新苦；别人帮得了你一时，帮不了你一世。只有真正看开了，看淡了，守住了自己的这颗心，生活也就美满了。

味因水觉甘美，心因茶而平和；茶终于寂静，水终于无音。茶凉时，水静了，水静时，茶清了；时光悠远，世事淡然。有一种心态淡香如茶，有一种心灵宁静如水。

心有多静，福就有多深。最深的宁静，来自最宽广的胸怀。福深福浅，不在于能笑着迎来多少，而在于能看淡多少失去。人生之苦，在得失间。心胸宽广之人，拿得起，放得下，无意于得失，自然气定神闲。心静了，才有闲心品味出已有的幸福。

愿你，在这个浮华的世界里，守好自己的心，好好去爱，去感悟，去体味，去生活。每一天都是新的，不要辜负了美好的晨光。

目录
CONTENTS

第一章 一念花开，一念花落

若人生是一场旅行，那么无论繁华与落寂，都是过眼烟云，留下的是看风景的心情。得而不喜，失而不忧，内心宁静，则幸福常在。

花开满园时，学会转身 / 001
认真倾听鲜花和掌声 / 004
月满则亏，水满则溢 / 008
高处不胜寒 / 011
莫为浮云遮望眼 / 015
茶终于寂静，水终于无音 / 018

第二章 心乱心静，慢慢说；懂或不懂，不多说

我们花了两年时间学会说话，却要费尽一生来学会闭嘴。有些话，适合烂在心里；有些事，只要内心明白，无须到处宣扬。

不探听，不泄露，守卫心灵 / 021
不争不吵，难得糊涂 / 024
想要轻松，减少抱怨 / 028
是是非非，何必纠缠不休 / 031
好奇心，要适可而止 / 035
善解人意，方为可人 / 038
事要做全，话别说满 / 042

第三章 | 疾风骤雨中，停下来，看流水落花

看淡，就是好心境；想开，就有好心情。脚步匆匆的日子里，火烧眉毛的事件中，不妨停下来，倾听心灵的诉说。

生活，值得细细品味 / 045
左右心情的，不是事态，而是心态 / 049
退一步，反过来走走 / 052
撞上冰山时，依旧气定神闲 / 056
把困难看轻，才能轻松应对 / 059
冰冻三尺，非一日之寒 / 062
转角遇见光明 / 066
为自己创造东风 / 069

第四章 | 一任风吹过，闲似白云飘

委屈痛苦就像沙粒，但经过磨砺，却可以变成美丽的珍珠。打开心情，接受生活的磨砺，阳光自然就会照射到你身上。

甘甜的果实，需要忍耐 / 073
低到土里，始闻花香 / 077
幸福始于解脱 / 080
雨天撑一把伞，容人容己 / 083
痛苦的沙粒，也能磨砺成美丽的珍珠 / 086
滋味浓时，减三分让人尝 / 089

第五章 | 带着阳光上路，走到哪里都是晴天

如果你能付出一片绿叶，就能收获整个春天；如果你能容下一点瑕疵，就能得到一块美玉。生活不如意事十之八九，不要让情绪影响了你本该灿烂的笑容。

比天空更宽广的，是你的心胸 / 093
下雨时，打开心里的阳光 / 097
当你无法改变现状，不妨改变心情 / 100

生气时，等一分钟，再等一分钟 / 103
和为贵，化冲突为共赢 / 107
宽容，消融凄风苦雨 / 110

心里有春天，寒冬中也能品味芬芳 | 第六章

人生在世，悲愁苦痛，都要独自品尝。不是你倦了，就会有温暖的巢穴；不是你冷了，就会有红泥小火炉。每个人的内心都有几处暗伤，忍过了，才能品味芬芳。

人生如茶，苦中自有芬芳 / 114
风雨兼程中，微笑应对 / 118
宽容如水，融合朋友的嫌隙 / 121
修炼心境，愈合心灵的创伤 / 124
树在，山在，已经值得感恩 / 127
因为懂得，所以慈悲 / 130
不经风霜，哪得寒梅香 / 133
痛苦来了，幸福还会远吗 / 137

此处心安，便是幸福 | 第七章

烦恼的时候，点燃一炷香，好像心里就生起了炉火，暖暖的，那是心的向往，也是心的幽香。寂寂地与轻烟对视，就给了自己一个美妙的幻想，一个暖暖的心安。

世上本无事，庸人自扰之 / 141
放飞心灵，自在旅行 / 145
幸福，其实是心灵的满足 / 148
通往明天的道路，就在当下 / 151
一箪食，一瓢饮，足矣 / 154
不恋过去，不畏将来 / 157
计较，是因为不够豁达 / 161
每天给自己补充满满的正能量 / 164

第八章 | 踏着荆棘，不觉痛苦；有泪可落，不是悲凉

绝望，有时候也是一种幸福，因为有所期待所以才会绝望。因为有爱，才会有期待，所以纵使绝望，也是一种幸福，虽然这种幸福有点痛。

山有山的高度，水有水的深度 / 168
风雨过后，有最美的晴空 / 172
越努力，越幸运 / 175
转个弯，绕过绝望 / 178
今天的风雪，是为了明日的光芒 / 181
凤凰浴火，才能涅槃重生 / 184
任凭风吹雨打，我自岿然不动 / 187

第九章 | 愿得一人心，白首不相离

红尘一醉，愿得一人心；烟火夫妻，白首不相离。弱水三千，我只取一瓢饮。相濡以沫，执子之手，与子偕老。这种浪漫，是不离不弃到白头的爱情。

爱情，不求最好，但求最合适 / 191
此情可待成追忆 / 195
情深情浅，不在付出而在用心 / 198
爱情，无须比较，只需理解 / 201
要风花雪月，也要柴米油盐 / 205
用心，让婚姻保鲜 / 208
有了爱情，也别丢了亲情 / 212
家庭，是感情的港湾 / 215

繁华三千，看淡即是云烟 | 第十章

金钱是水中的浮萍，时聚时散；繁华更像是梦一场，曲终人散。幸福，从来都是心灵的富足。做一个知足的人，不攀比，不找寻，笑看风云。

幸福来自心灵的感受 / 218
你缺少的不是金钱，而是心态 / 221
守卫心灵的底线 / 225
洗尽铅华呈素姿 / 228
不要被洁白的"月光"迷住了眼 / 231
找寻舒适的心境 / 234
学会投资，让生活更美好 / 237
梅须逊雪三分白，雪却输梅一段香 / 240

第一章
一念花开，一念花落

若人生是一场旅行，那么无论繁华与落寂，都是过眼烟云，留下的是看风景的心情。得而不喜，失而不忧，内心宁静，则幸福常在。

花开满园时，学会转身

在日常生活中，我们经常听到这样一种说法："这人胸有城府。"

这里的"城府"，是形容人有定力，有主见，分得清轻重，不冒冒失失心浮气躁。它是一种岁月历练的沉稳和历经世事的干练，本质上是一种能力，做事谨慎而有计划，知分寸而有拿捏。体现在情绪上，表现为胜不骄、败不馁的一种控制力。"祸兮福之所倚，福兮祸之所伏"。当一个人志得意满时，往往会得意忘形起来，对于工作或生活便失去了谨慎，放松了警惕，时刻存有侥幸心理，继而变得狂妄自大起来，因为他想要向别人证实他多么了不起。如果这样一直发展下去，会出现什么结果呢？

一个商人带着两头驴去外地做生意，其中一头驮着沉重的谷物粮草，另一头驮着满满一袋子珠宝。驮珠宝的驴知道自己驮着无比贵重的宝物，因此它把头抬得高高的，目不斜视，趾高气扬，而且还不断地把脖子上的铃铛摇得叮咚叮咚地乱响，整个山谷中都回荡着这种悦耳的铃声。另一头驮粮食的驴低着头，一步步平静地、安稳地前行。

刚刚出了山谷，密林里的一群土匪盯上了商人，他们仔细观察着两头驴。一支弓箭穿透了驮珠宝的驴的肚子，它无力地倒下了。这时，驴子才意识到自己不停地晃动脖子上的铃铛引起了土匪的注意，引来了杀身之祸。

许多稍有成就的人，就像驮珠宝的驴一样自高自大起来，得意忘形，全然不知危机已经潜伏下来。老人常常说："人不能太得意，小心乐极生悲！"所以，忘乎所以的结果只能是走向失败。年轻人本就有"初生牛犊不怕虎"的闯劲儿，志得意满之时更是潜藏了巨大的危机，因此，切忌得意时骄纵，避免从"高台"上跌落下来。

对志得意满，我们始终要保持一份警惕心态，必须认识到志得意满的危害，才能小心行事，锻炼自己谨慎的个性。成功让人盲目、让人迷失，每个人在成功的时候都要不断在心里告诫自己，检查自己是否陷入了志得意满的状态，防止下面这些危机：

1. 志得意满时，警惕性越来越低

当一个人志得意满时，最明显的表现就是他丧失了对事物、对他人、对危机的警惕性。从前他会像猎手一样听着每一个声音，观察环境的每一丝细微变化，等到成功之后，他沉浸在"大吉大利"的错觉中，忘记了他赖以成功的敏锐观察力，根本听不到危机迫近的脚步声。

俗话说："螳螂捕蝉黄雀在后。"有时候成功就是如此，你迈进了一小步，却正好进到了别人的大网中，如果不小心谨慎，连逃生的机会都会失去，所以，志得意满时要时刻提醒自己注意潜在的危机，也许枪口正对着放松警惕的你。

2. 志得意满时，虚荣心越来越强

志得意满的人最喜欢看到别人羡慕的目光，最希望得到别人的夸奖，恨不得全世界的人都知道他们的成就，他们开始喜欢向别人夸口，喜欢向别人传授自己的"成功经验"，喜欢被别人簇拥着……他们把自己当成"人物"，并有一种自傲心态。

每个人都有虚荣心，正常的虚荣心可以促使人们奋进，虚荣一旦过界，就会开始追求不切实际的东西，忘了最初的目标，而且越来越注意浮华的表面现象，忘了实力靠的是刻苦积累。虚荣，是志得意满者最该摒弃的弱点。

3. 志得意满时，进取心越来越弱

人在志得意满时最容易丧失的就是进取心。过去，想到自己的能力还处于低级阶段，想到自己的生活还有很多待解决的困难，每一天都要鼓足干劲儿，督促自己要比昨天更进步，而当有一天突然获得了成功、享受了成就，就产生了安逸思想，认为生活保持现在这个水准就满足了。

但是，生活如逆水行舟，你不前进就是一种退后，那些奋力追赶的人都在跑，你原地休息，就会被人远远落在后面。当你发现你越来越喜欢现在的生活状态，认为没有改进的必要，这时候就要提醒自己：该醒醒了，太过志得意满的人不会有长久的安稳，还是看看自己在哪方面有改进的空间，赶快找地方充充电吧。

4. 志得意满时，享乐欲越来越多

不能否认，人们为生活奋斗的目的是为了更好地享受生活，但是，志得意满者扭曲了这种享受，他们认为自己做得已经够多了，好不容易得到成就，是该放松一下，好好享受生活了。

放松没有错，但放松不是停滞不前，不能松个没完没了；享受也没错，但享受不该变为纵情享乐，为了享乐耽误正事，这就是玩物丧志。当有一天你发现自己的大部分时间被享乐占据，只用很少的时间做正事，你必须立刻改掉这种生活状态，否则，你的意志会在享乐中消磨殆尽，再也找不回最初的激情。

志得意满时最不能忘记的就是对生活、对大环境的危机意识，越是得意的时候越要小心出现漏洞，不要让自己像个充气的气球一样不断膨胀，却不知道下一秒可能会爆炸。居安思危，有危机意识的人才能有长远眼光、长远打算，他们看重的不是眼前的小成功、小利益，而是更有成就的一生。

认真倾听鲜花和掌声

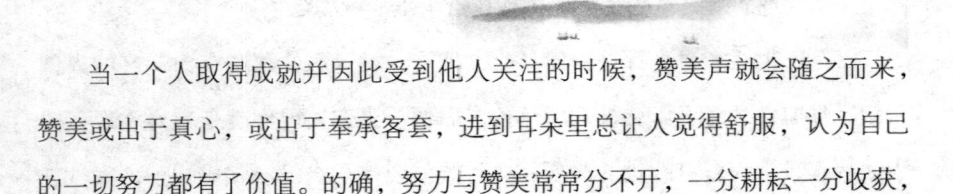

当一个人取得成就并因此受到他人关注的时候，赞美声就会随之而来，赞美或出于真心，或出于奉承客套，进到耳朵里总让人觉得舒服，认为自己的一切努力都有了价值。的确，努力与赞美常常分不开，一分耕耘一分收获，下得了苦功的人一般会得到别人的赞美。可是，赞美听得多了，就会出现以下两种状态。

一种人听到赞美，觉得心满意足，第二天会忘记这些话，照旧努力，这是一种理想的成功状态，很少有人能做到。更多的人听了赞美声，心里装满了自己的"丰功伟绩"，再也装不进别的东西，他们完全迷失在赞美声中，变得自负狂妄，认为成功对自己来说是一件轻而易举的事，完全忘记了曾经的自己是经过怎样的努力才赢来今日的成就的。

对人对事，难得的是保持一份警醒。在赞美声中保留理智，就是一种难得的态度。所有的赞美只代表过去的成就，你完全可以将人生写成一部账本，计算努力，兑换成功，而且你会发现，努力和成功虽然成正比，但极大的努力有时只能换来微小的成功。这时候，如果你勾销那些努力，一味放大你的成功，正比的一侧就会无限降低，那么另一侧——也就是你未来的成功也会跟着降低直至归零，你只能守着过去的成就过日子，这时候人们很少再会赞美你，只剩下你自说自话："当年我取得了什么样什么样的成绩。"

一个魔术师刚刚出师，参加了几场表演，渐渐地有了一些名气。魔术师年轻，经不住别人几句夸奖，不知不觉就认为自己真是别人口中的"最有潜质的魔术师"、"×××的接班人"，听不进别人的一点批评，变得扬扬得意起来。

一天，年轻的魔术师去参加一个电视节目，电视台还邀请了一位老魔术师，准备上演一台"新老魔术师对话"，谁知年轻的魔术师根本不把老魔术师放在眼里，在和老魔术师"交流技艺"的环节时还故意炫耀自己的技能。这些，老魔术师全看在眼里，但却并没有说什么。

节目结束后，老魔术师在后台低声对年轻魔术师说："你刚才抖扑克的时候，手势虽然漂亮，但这种花哨的姿势成功率很低，在你没用熟练之前，还是不要在人前露出来。"

年轻魔术师大惊失色，这个姿势他练了很多次，成功率不高，刚才为了炫耀才在人前使用，心里也着实捏了一把汗，没想到老魔术师一眼就能看出来。从此，年轻的魔术师再也不敢在人前得意，他总是说自己的技术还远远不够。年轻的魔术师还特地去拜老魔术师为师，想要进一步修炼自己的技术。

美国汽车大王福特说："许多人总是拥有起劲奋斗的开头，一旦前方出现大道，就自鸣得意起来，于是失败也就现身了。"故事中的年轻魔术师犯的就是这个毛病，他取得了一点儿成就，得到了一些夸奖，就完全不记得自己是谁，以致班门弄斧。幸好他遇到了一位慈祥包容的老前辈，不但宽宥了他的轻狂，还好心提醒他的失误。更庆幸的是年轻的魔术师是个知错能改的人，他立刻认识到自己的不足，变得谦虚好学。

面对赞美，谦虚应该是一种习惯，而不是一种姿态。当别人赞美你的时候，是因为你做到了他们未能做到的事，这个时候你要想，别人也有很多自己不具备的优点，如果因为自己单方面及单层次的成功，就把自己放在别人之上，那是一种浅薄的见识。何况人外有人，天外有天，也许那个赞美你的人是怀着前辈对后辈的提携之意夸奖你，你如果不能谦虚接受，反倒把这些夸奖当作炫耀的资本，未免贻笑大方。那么，面对赞美，人们最应该做什么？

1. 请赞美你的人指正缺点

面对赞美，如果我们一味地说"哪里哪里"、"不不不，我做得不够好"，一来有"过分谦虚"的嫌疑，二来，别人真心诚意地赞美你，你总说"谁都可以做到"，在有些人听来会成为一种讽刺。有时候，你可以坦率地接受赞美，说声"谢谢"，最重要的是，你要请这些赞美你的人给自己提些意见，如此一来，既显得你坦率，又能突出你的谦虚，给人留下更好的印象。

而且，那些真正愿意赞美你的人必然是了解你的成绩和不足，又希望你更加成功的人，由他们来提意见，更有针对性和建设性，会让你受益匪浅。

2. 向那些更成功的人请教

成功应该是一个永不满足的前进过程，而不是一个过去式的停滞状态。拿破仑·希尔认为，任何一个强者都有一个诀窍，那就是不断向优秀的人学习，以此改正自己的缺点、发掘自己的潜质。面对赞美，通过观察那些更成功的人，你能够更快意识到自己的差距；通过请教那些成功的人，你能够迅速忘掉过去那些微不足道的成就，向未来迈进。

不要认为别人对成功经验肯定会藏着掖着，事实上，当你以虚心的态度向他们请教时，他们会觉得自己被肯定、被赞扬，也很愿意回忆一下自己的"光荣过去"，这个时候，他们不会吝惜对你的指点。

3. 向那些有良好习惯的人学习

任何人都会被习惯左右，最应该学习的不是某种技能，而是获取成功的习惯。面对赞美，你可以学习他人谦虚的习惯；面对自得，你也可以像那些成功者一样，将自己的成就转化为自信的资本。看看那些真正的成功者如何看待成功，会给你极大的启示。

例如，当人们问球王贝利："你最满意的射门是哪一个？"贝利说："下一个。"贝利曾经面对的是全世界球迷的赞美，但他仍能保持自己的谦虚，定下更高的目标，这就是我们每个人都应该学习的态度。

月满则亏，水满则溢

人生失意有之，得意有之，努力却需要时时有之，特别是那些鲜花着锦的场合，真正的成功者表现出的是一种持重。有一个成语叫作"得意忘形"，形容人因为高兴而失去常态。志得意满的人最容易犯的错误就是得意忘形，他们忘记的不仅是"形"，还有更多的东西。

首先，他们忘记了自己是谁。得意忘形的人总是觉得自己的形象高大，因为小小的成功添了喜气，他们更是忘乎所以，想要全世界的人都知道自己的与众不同，一眼看出自己是个成功者。殊不知，没见过世面的人才会被他们迷惑，真正有眼光的人，看他们翘着尾巴，早就在心里窃笑不已，那些不自知的人是真正的可怜虫。

其次，他们忘记了自己能做什么。有了小成绩的人自认为手中有了资本，开始耀武扬威，就像狐假虎威的狐狸，沾了点儿老虎的威风，就忘记了自己没什么本事，一旦有个风吹草动，才发现自己的资本少得可怜，根本当不了事。这个时候只能一切重新开始，捡起那些自己丢掉的东西，早知如此，何必当初？

最后，他们忘记了自己的目标。得意忘形的人最容易忘记自己的目标，他们最初明白人生是一条漫长的道路，成功也是如此，每一个小成功虽然是个不小的跃进，但真正的路途还很遥远。得意忘形的人把道路上的小土丘当成珠穆朗玛峰，站在上面扬扬得意，于是，他们再也看不到更高的山峰。

楚王带着他的士兵外出打猎，在一座树林里，他们收获颇丰，君臣都很得意。

这时，不知从哪里蹿出一只猴子，上蹿下跳，楚王搭上弓连射几箭，那只猴子身手敏捷，轻轻松松地闪躲过去，仍然在树枝间跳跃。

楚王命令擅长弓箭的将军射那只猴子，谁知猴子太灵活，将军也射不到它。猴子越发得意，在树枝间跳得更欢，还冲君臣做起了鬼脸，显然是在嘲笑这群人。

楚王大怒，命令军士们万箭齐发，猴子被几十支箭射死，楚王对着猴子的尸体说："这只猴子之所以会死，是因为它太不知道自己的分量，得意忘形过了头。"

猴子有灵活的身手、聪明的头脑，如果它愿意组织一群小猴占山为王，相信日子能过得逍遥快活，可它偏偏"志向远大"，要到人类面前来显示身手，显示一下还不够，非要让人群起而攻之。如果猴子懂得见好就收，捉弄一下楚王立刻跳开，也可以回到猴山好好吹嘘一番，引来艳羡。一味地贪多求好，结果就是触怒了别人的底线。

不管什么事，做过了头就会变成坏事，就像一条小河灌溉两岸良田，它静静流淌，就是一条母亲河，一旦沉浸在别人的赞美中，想要无止境地灌溉，以致掀起滔天巨浪，就会变为灾害，那个时候，谁还会赞美它呢？做什么事都不能一时兴起就做过头，这样不仅会给自己带来损失，还可能给他人带去伤害。那么，如何防止自己得意忘形？

1. 知道自己能力的临界点

每个人的能力都有一个临界点,超过了就再也做不到。就像每只骆驼都有承重的极限,超过极限,即使再加一根稻草,它也会被累死。准确地衡量自己的临界点,既能避免自己去做那些根本做不到的事,也能避免自己在面对别人的赞美时得意忘形。

量力而行不等于拒绝冒险。有时候生命中存在各种风险,如果一味地保守估计自己的能力,不敢承担一丁点儿风险,那么生命就只能按部就班,很难有大的成就。有时候也要在量力的基础上前进一步,让量力变为尽力。这一步并没有超过临界点,或者说它恰恰达到临界点,此时,你的力量发挥到最大。根据自己的知识量、经验值、旁人的客观评价,你能够判断出自己的大概临界点:什么事能做、什么事不能做、能做到什么程度,等等。所有临界点都是一个约等值,会随着你的成长不断变化,要阶段性观察它的变化,才能做出更多成就。

2. 给自己留下转身的空间

得意忘形往往让人说大话、做"大事",这些都是自己根本做不到的事,警惕得意忘形,就是要随时为自己留下后退的空间,别因为一时的"忘形"而断了自己的后路。

高兴的时候,要想想自己的高兴能持续多久,自己还有没有能力持续这份高兴,这个时候,危机意识就会悄然产生,你会开始收敛自己,以免因一时的气性走上绝路,要知道绝路很难变为坦途,但后路可以变成前路。

3. 不要太贪心

有时候,成功的境遇会给人一种错觉,似乎自己置身于一座金山之中。但是,如果你一直捡,一直捡,手中的金银财宝虽多,却会压得你喘不上气,这时候如果有强盗，你不但跑不掉，还可能送掉性命，这就是贪心的代价。得意忘形就是贪心的一种形式，太过贪婪于成功的喜悦，以致忘记了失败的可能，这个时候，必须懂得见好就收。

见好就收，就是说在成功的时候可以庆祝，也可以得意，但在庆祝得意之后要立刻回到惯常的状态之中，不要死死抓住过去的成就不放。任何时候都不要得意忘形，那些忘记自己的能力、忘记自己的初衷的人，都会被过去牢牢绊住；只有那些懂得见好就收、适可而止的人，才能不断前进。

高处不胜寒

成熟是在成长中得到的，城府是在生存中修炼的。城府的最典型体现是一种实实在在的生存智慧。例如，志得意满之时最需要提防什么？提防高处不胜寒。成功者势必会引起他人的眼红和妒忌，由此而来的诽谤、攻击、伤害接连不断，这个时候，成功者需要知道如何韬光养晦。面对他人的攻击，最好的办法不是干耗时间，与他们对着干，而是能避则避。有时候，要学会休养生息，甚至急流勇退。

常言道："水满则溢。"万事万物皆盈亏有数，事情做得多了，自然会引起别人的注意，不知道什么时候就成了遭人忌恨的对象。如果你已经功成名就，何苦贪恋虚名，当别人眼红的靶子？不如赶紧"卷起铺盖"，前往下一个目标，或者来个"事了拂衣去"，也不失为一种潇洒。

成功有时并不是可以一直走的道路,它更像一座山峰,当你费尽艰辛到达顶峰,就无法再向上攀登,这个高度是多数人无法到达的,这个时候,你就功成名就了。功成名就之后,人们往往失去了目标,在旁人的称赞中感觉到空虚,不知如何是好。如果一直留在山顶供人"参观",虽然满足了一时的虚荣心,却难免四面树敌,不如早日下山或者找一座更高的山峰,或者试试水路,寻找其他的人生目标。

一位将军经过三年苦战,带着三军将士平定了边疆叛乱,还将一直虎视眈眈的敌国打得毫无还手之力。将军凯旋的那一天,百姓们在首都城门外夹道欢迎,皇帝亲自出城迎接。

在庆功宴上,皇帝对将军说了很多感激的话,而将军一再表示"吾皇庇佑"、"为臣只是时运好",将军还对皇帝说起他的家庭,希望皇帝准他辞官还乡,奉养寡母。皇帝一再挽留,将军一再请辞,最后,皇帝赏赐了将军丰厚的财物,答应了他的要求。

将军的部下们对他苦苦挽留,将军却找了几个心腹部下对他们说:"皇上现在重用你们,你们才有地位,如果不知收敛,今后必遭不测,一定要记得急流勇退,不要等到鸟尽弓藏。"有的部下明白了将军的意思,和将军一起辞官;还有几个仍然留在朝廷,享受高官厚禄。

没过几年,那些留下来的人都因功高震主被皇帝找借口杀掉了,而那些识时务者,如将军,却在家乡富贵双全,颐养天年。

凯旋的将军面临着皇帝的猜疑,聪明地选择了隐退。隐退并未减少将军的功绩,而且给他的余生留下了充足的回忆空间和生存的可能。将军知道建功立业并不是人生的全部，保家卫国之后还要留下时间给家庭、给自己。就是这一份自知让他远离了惯常的刀光剑影，成为皇帝放心的忠臣，得到了一个好的结局。这就是人们常说的"识时务者为俊杰"。

急流勇退是一种生存智慧，急流勇退并不是胆小怕事，因为急流勇退的人都在"事"后才退。就如故事里的将军，在征战沙场的时候，他想到的是保家卫国，而不是保全自己。等到国泰民安、局势稳定，他放弃荣华富贵隐居，想到的才是自己的家人。这种"退"是兼顾了整体利益与个人利益的"退"，既不失风骨，又维护了个人的权利，在公私之间找到了一个平衡点，是一种理想的人生状态。功成之时，就是考虑"身退"的时候，那么，如何确定何时该"退"？以下标准可以作为参考：

1. 高处不胜寒

苏轼写的"恐琼楼玉宇，高处不胜寒"，最直接的解释是海拔高、温度低，这句诗可以延伸到哲理层面：人往高处走，但当一个人越走越远、位置越来越高，他固然看到了别人看不到的景色，得到了巨大的成绩，却也因为知音太少、理解自己的人太少、非议的人越来越多而产生孤寂心理，甚至觉得疲惫，想要换一种更为轻松的人生。

如果一个人已经到达了自己既定的目标，不准备继续前进，而所处的环境又让他对生活产生怀疑，无法享受到生命的乐趣，这个时候要为自己寻找一个出路。达到的位置太高，自己已经产生了厌倦心理，就该考虑放下已成为重担的荣誉，换得一身轻松。

2. 某一领域已经达到饱和

在市场上经常看到这么一种情况：某个厂家开发了一款新产品，其他厂家看到销路好，连忙跟风生产。市场的购买力有限，最初那家厂子做出了不断升级产品、保障售后等努力，发现自己的市场份额仍然不断下滑。这个时候，有脑筋的厂商会选择另辟蹊径，开发新的产品，而不是在一个已经饱和的市场上继续苦苦支撑。

在生活中，我们也会遇到类似的"饱和状态"，也许是报考时选择的热门专业，也许是就业时选择的高薪行业，也许是相亲时定下的大众标准……当你知道某个领域已经人满为患，达到饱和状态，不可能有你的位置，或只能勉强给你一个立足之地时，也许你该考虑寻找其他领域发展，而不是留下来当一个普普通通的"从业者"。

3. 太过留恋过去的成就

急流勇退需要眼光，更需要勇气，人们难免留恋过去的成就，就像很多到了退休年龄却迟迟不想退休的老人，他们的精力已经远远不如年轻的时候，想要做什么也常常力不从心，甚至出现错误，身体也总是处于疲劳状态，这个时候，他们为什么还不选择歇一歇？因为他们无法放弃已经得到的地位，他们希望尽可能将过去得到的成就延长。事实上，他们得到的不是延长，而是在自己渐渐丧失的精力中走上了耗损自己的路。

如果把人生看作一个高低起伏的过程，成就自然是你站在巅峰的那一刻，不过，绝大多数时候，不论自身条件还是现实环境，都不允许一个人永远站在巅峰，这时候，只有急流勇退能够保护一个人从巅峰安然回归细水长流的生活。急流勇退也可以看作一种"适可而止"，每件事都有结束的时候，在最恰当的时机亲手把自己的努力画上一个相对完美的句点，好过拖拖拉拉，影响事情的质量。生存需要智慧，多做那些恰恰好的事，而不是画蛇添足。

莫为浮云遮望眼

在生活中，我们常常看到骄傲的人，他们往往有一些优点和成绩：或者长相姣好，或者家境不错，或者成绩优良。他们不喜欢和"普通人"交往，对待那些优秀的人，他们能保持客气，对待"普通人"，他们的眼睛像是长在头顶上，说话做事都带着傲气，认为所有人都不如他们。这样的人自然也是别人嫌恶的对象，对待他们，人们会自动忽略他们的成绩和优点，只盯着缺点，认为他们不过如此。

有城府的人不会让自身的缺点干扰自己的行为，他们最先克制的个性就是骄傲。人都有骄傲的资本，有时甚至相信"骄傲使人进步"，但是，不能错误地把骄傲看作是自信，没有看到骄傲的片面性。骄傲者总是拿自己的优点比别人的缺点，这样一来，优点显得突出，甚至盖过了自己的缺点，于是他们更加沉浸在优秀的幻觉中，忘记了人外有人，天外有天，也忘记了每个人都有自己的优点，那些被他们轻视的人，其实不比他们差。

常言道："骄兵必败。"骄傲容易让人招致失败，此时的骄傲，是因为你处的环境显示出你的优秀，如果换一个更大的环境，你未必有优势。就像一个区的尖子生，考上了省级重点高中，他会发现自己的成绩总不能位居前位，这个时候，骄傲心理就会让他无法承受巨大的心理落差，导致厌学和自卑。与其如此，不如平时就保持一颗平常心，公正地看待自己，也公正地看待他人。

一位父亲正在为教育女儿烦恼，他的女儿今年只有13岁，也许是家庭条件好，父母溺爱，小女孩年纪不大，心性却不小，平日眼高手低，从来不把人放在眼里。

也难怪，这个孩子头脑聪明，人又漂亮，从小学习就好，还一直是学校的大队长，她的确有骄傲的资本。父亲觉得小孩子眼界开阔一点、自信一点是好事，所以以前虽然知道孩子骄傲，却也不怎么说她，但最近的一件事却让父亲改变了想法。

事情发生在上个星期天，父亲教女儿学骑自行车，女儿上手快，没多久就掌握了要领。那条道上没什么人，还有另外几个人也在练习，女儿指着其他几个练习的人对父亲说："那些笨蛋，也好意思出来学骑车！"父亲没想到女儿已经骄傲到了这个程度，留心观察之后发现，女儿说起其他人来都是一副轻视的口吻，这让父亲大大吃不消。自己的女儿怎么会变成这个样子？难道真的是受的打击太少？

骄傲是一种以自我为中心的心态，骄傲的人会漠视别人的成绩，天长日久，这种漠视也会成为一种习惯，即使别人真的有了什么成绩，他们也会看不起，这就极大地影响了他们的提高。过于认同自己、无法认同别人的人，无法更好地提高自己，无法欣赏别人的优点，也就失去了一个良好的学习机会，这是他们个人的损失。

一个有城府又有智慧的人不会小看任何一个人，他们会保持谦虚的态度，遏制自己心中的骄傲，他们不会让自己用片面的眼光看待别人，或者说，他们更愿意忽略他人的缺点，更多地盯着值得自己学习的地方。他们愿意赞扬对手、赞扬他人，并把赞扬的对象当作自己的学习目标。那么，如何克服骄傲？

1. 开阔眼界，明白强中自有强中手

有时候，骄傲并不是因为自我意识过剩，仅仅是因为眼界不够开阔，在自己的小圈子里待得久了，什么事都是第一，难免滋生骄傲情绪。这时必须把目光放得更远，看看外面的世界，看看那些真正的成功者取得了怎样的成绩，通过自我比较，能很容易找出自己的缺陷。

自我比较有两种，一种是横向比较，不但要和自己周围的人比，还要和大规模范围的人比，如此总能遇到年龄资质和你相当却比你做出更多成绩的人，这时候你就能明显地看到自己的差距，然后学会谦虚；还有一种是纵向比较，就是和历史上的名人进行对比，当你取得一定成绩，高兴之余看看那些名人在你这个年龄时取得了什么成绩，就能产生紧迫感，再也不敢炫耀。

2. 要看到个人对团体的依赖

骄傲有时来自对个人力量的迷信，这个时候，你适合投身到集体协作之中，在集体中，你会发现一个人的力量虽然是重要的，但远远不是全部。你还会发现那些你平时轻视的人能够做一些你根本做不好的事。当你真正和别人形成一个整体，你会发现每一个人都有自己的特点，你也只是这些特点中的一个，并没有那么了不起。这时候你无法再夸大自己的才能和力量，而会懂得欣赏他人的优点和付出。

3. 要记住别人超过自己的地方

对付骄傲的最有效的办法是正视他人的优点、学习他人的优点。如果你愿意静下心观察，你会发现每个人身上都有值得你学习的地方，每个人都有不可多得的优点。如果你放下身段虚心请教，你会得到很多靠自己无法获得的知识，所以人们才说，海纳百川，有容乃大。

骄傲最大的危害就是故步自封，看不到自己的劣势，以为自己已经做到了最好，看不到别人的进步，如果你不能加快步伐，很容易就被别人甩下。当别人都在弥补自己的缺点的时候，你千万不要自大自满，以为自己到达了顶点，要记得来日方长，笑到最后的人才是赢家。

茶终于寂静，水终于无音

　　炫耀不是一种好习惯，炫耀是出于一种虚荣心态，但真正成功的人往往不需要炫耀，更不需要亲口炫耀，所以，炫耀代表了一个人的尴尬局面：高不成、低不就，想要得到别人的夸奖，又没到人尽皆知的程度，只能自己吆喝两句引人注意。这种成功不能算是真正的成功，最多算是人生道路上的一次小风光。

　　而且，炫耀还可能影响到你的人际关系。总是对别人炫耀自己的成绩，会给人留下浮夸的印象，更有人认为你在吹牛。何况人的能力各有不同，你炫耀自己的能力，那些没有这方面能力的人难免听着不舒服，认为你在讽刺他们。

　　老彭近日红运当头，他先是签了好几笔大单子，连续升了两级；其次是他的儿子刚刚考上了重点大学，他脸上添光；还有他久病的老母亲竟然好转，一天比一天硬朗。老彭认为自己时来运转，见了人总忍不住炫耀，脸上带着得意的神情。

　　一天晚上，老彭和几个好友喝酒，有个朋友最近公司经营不顺，妻子搞外遇闹离婚，朋友心情低落，老彭刚开始也和朋友们一样安慰他几句。酒过三巡，老彭老彭就变成了拿自己成功的人生经验安慰朋友，告诉朋友人生都有低谷，只要挺过去，就能像自己一样，事业家庭双丰收。朋友越听越不对味儿，最后找个借口提早离开了。

事后，另一位朋友提醒老彭："你自己春风得意，这是好事，但是也不用见人就吹嘘，尤其是在那些失意的人面前，你考虑过他们的感受吗？你这不是炫耀吗？"

最好的成功应该是一种自我激励，而不是对旁人的一种刺激。就像故事中的老彭，一味地炫耀自己，忘记体谅别人的心情，这种成功给自己带来的不只是喜悦，还有人际上的麻烦。何况成功有时就像家里的金子，你总是在外面说这块金子如何贵重，自然会有贼来行窃，让你损失不小。对待成绩，最好的办法是低调，尽量少说，最好不说。有吹嘘自己的时间，不如想想如何更进一步、如何让自己有更大的资本。

不过，人活一世，总是憋着话在心里，有了开心事也不能畅快吹嘘，有时也会觉得难受。其实，获取成功不是不可以说，但要讲究方法，如果把你的成功说出来，别人觉得酣畅淋漓，还能得到不少启示，既满足了自己，又让别人受益，何乐而不为？最怕的就是你吹嘘半天，那些真心诚意想要祝贺你的人也觉得你太过夸大其词，言语间有了酸溜溜的意思，相信你也会为此郁闷。向他人述说自己的成功并不难，以下方法值得参考：

1. 少点自我标榜

自我"吹嘘"要恰到好处，不要变成自我吹捧。要把"吹嘘"的重点放在自己的奋斗过程上，而不是你得到的成绩，要知道对于这些成绩，别人早就清楚，你又何必再把它们说一遍？

而那些奋斗的过程，特别是遭遇的困难会让人们敬佩你的毅力，自然就不会再对你的成功产生质疑心理和忌妒心理。而且，少说成绩的人会给人留下踏实的印象，你的形象会被人们自动放大。你的优点和成绩不需要自己评价，他人自有看法。

2. 先让别人说说得意的事

在同一个饭桌吃饭的时候，最怕的就是一个人在大谈自己的成功经验，别人只能在旁边听着，既不能插话，也不能打断，说着说着，说话的人和听话的人都觉得尴尬。

欲扬先抑也是个好办法。想要夸自己，先让别人自夸一番，挑个别人爱说的话题，让他们谈谈自己的成功，说两句适当的赞美话，然后再谈谈自己。这个时候，大家都有话聊，都有资本，谁也不必忌妒谁，还能够互相学习借鉴。

3. 如果旁人再三追问，也不要假谦虚

人们对成功者不都是具有眼红心理，还有一种夹杂着好奇心的学习意识。当别人诚心诚意地邀你谈谈成功之道，你一再推辞，就显得不够大方，不如满足一下别人的好奇，也满足一下自己的小小的虚荣。最重要的是，不要等到别人出现不耐烦的脸色，你才停止说话，要在别人还有兴趣的时候就收住话头，这样不仅让别人意犹未尽，还会觉得你谦虚得体。

炫耀是每个人都应该避免却不容易避免的习惯。我们能够做到的就是尽量少给别人刺激，在成功的时候不妨多谈谈自己的缺点和不足，以更谦虚的态度向他人请教。甚至可以说说自己的未来大计，请别人提提意见。对那些说话泛酸的人也不妨抱着宽容的心态，不要理会他们言辞态度上的挑衅，不必让无法欣赏你的人影响到心情。要记得成功者的最佳状态并不是炫耀，也不是别人的称赞，而是一种切实的影响力，能够指导自己，也能够为他人做出榜样，也就是说，他们已经成为"成功"本身，这才是每个有志者的目标。

第二章
心乱心静，慢慢说；懂或不懂，不多说

> 我们花了两年时间学会说话，却要费尽一生来学会闭嘴。有些话，适合烂在心里；有些事，只要内心明白，无须到处宣扬。

不探听，不泄露，守卫心灵

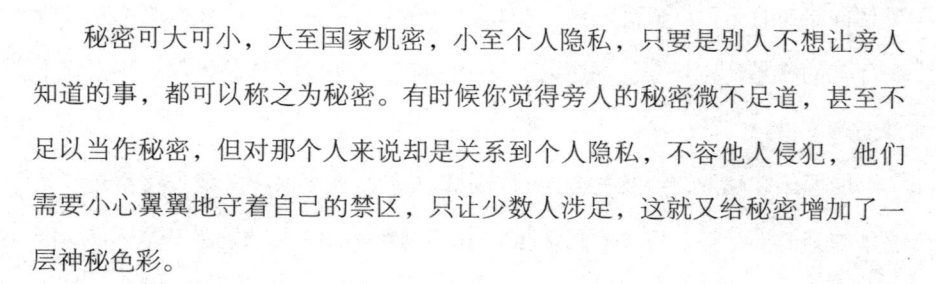

秘密可大可小，大至国家机密，小至个人隐私，只要是别人不想让旁人知道的事，都可以称之为秘密。有时候你觉得旁人的秘密微不足道，甚至不足以当作秘密，但对那个人来说却是关系到个人隐私，不容他人侵犯，他们需要小心翼翼地守着自己的禁区，只让少数人涉足，这就又给秘密增加了一层神秘色彩。

通常人们都有一种探秘心理，越是不能让人知道的事情，越能引起人的好奇心，恨不得一睹为快，这时候就更要懂得控制自己。即使听到了别人的隐私，也不能随便嚷嚷，更不能当成自己的资本，故弄玄虚地向人炫耀。要知道别人的秘密不是你的资料库，如果将别人的秘密作为把柄，更会让你失去朋友和他人的信任，声名扫地。

美国总统罗斯福年轻的时候曾在海军担任军官，在这期间曾发生过一件趣事。

一天，罗斯福和一位朋友一起喝酒，朋友对军事上的事不了解，但很好奇，他问罗斯福海军在加勒比海的战略部署，包括美国正在某个小岛上建设的军事基地。罗斯福知道这位朋友纯属好奇才会打听这些，他不想扫朋友的面子，就对朋友说："我说的话，你能保密吗？"

"当然！"朋友立刻说，"诚信是一个人的原则问题，我当然能保密！"

"没错，所以我也能。"罗斯福说着，做了个鬼脸。朋友哈哈大笑，不再多问。

有了秘密，就有泄密和保密。人们说保守秘密的最好办法就是不要将秘密说给任何人听，不过，每个人都有倾诉欲望，除了少量的工作机密，人们都倾向于有几个可以倾吐心声的密友，能够和他们分享心中私密的感觉，听听他们的意见，减轻自己的压力。这个时候，就需要听到的人保守秘密，不要随意宣传。

能否保守秘密，涉及一个人的原则和人品。在生活中，我们常常把"是否能够为他人保密"和"是否守信"，作为判断一个人品德的最基本标准，能够做到的人，我们才会放心地和他们交往，否则就会视为"嘴不严"，说什么都要再三掂量，以防对方泄露，这样的人自然不会成为他人的知己。在生活中，有城府的人这样对待秘密：

1. 把秘密当作耳边风

每个人都有机会听到别人说秘密，可能是密友间开诚布公的谈话，可能是朋友酒醉后吐出的真言，也可能是无意中听到了一句议论却事关重大，知道了别人根本不知道的"秘密"，人们心里难免有窃喜的感觉，但是，窃喜之后就要提醒自己："这是秘密！"

对待秘密最好的方法是把秘密当作耳旁风，听完就忘。只有如此，秘密才不会成为你的负担，也不会成为别人的负担。以轻松的态度对待秘密，不必总是想着它，更不要去宣扬它，就能保证自己的保密度始终高于他人，成为别人眼中的守信者。

2. 不要提醒别人你知道他的秘密

有些时候，我们无意中知道了他人的秘密，也许他人信任你的人格，也许他人担心你是否泄密，知道了就是知道了，你不用一再向人保证你不会说出去，也不必刻意装成根本不知道，这都会让秘密的主人更紧张。最重要的是，永远不要提醒他人你知道他的秘密，有些事你不说，别人可以拿出成年人的心态——说的人当笑话说，听的人当笑话听，你一旦提醒，别人就会产生更复杂的想法，认为你另有所图。

3. 不要让旁人认为你什么都知道

生活中有这样一种人，他们自诩"什么都知道"，专门喜欢打探别人的隐私，并靠宣扬交换这些隐私来取得更多人的好感，这样的人让人反感，却也没人敢招惹。他们常为知道别人的秘密而沾沾自喜，最希望的就是有人围着他们问东问西，享受一种被关注的虚荣感。

想不被别人看成包打听的"消息贩子"，就不要让人觉得你什么都知道，当有人问你他人的隐私问题，你即使知道也要说"不清楚"。与其让自己失去信誉度，不如当一个一问三不知的倾听者，把自己的秘密和别人的秘密都放在心里，才是真正具有城府。

4. 不要说任何捕风捉影的话

多数秘密听到了没有关系,最重要的是不说出去。秘密有时虽然鲜为人知,却不一定就是事实,不要认为它的内容和你看到的不一致,就觉得它可信。何况,有人散布的也许是别有用心的"秘密",你相信了,就等于被骗,把未经查证的秘密宣扬出去就是造谣。在生活中,一个有脑筋的人会谨言慎行,他们知道说出的话就要负责,所以不会去说任何一句捕风捉影的"秘密"。

生活中,我们难免会接触到他人的隐私,这个时候,要用理智的行为来对待,不要让别人觉得你不重视秘密,因为那代表着别人对你的信任和托付;但也不能让人觉得你过于重视它,会让别人觉得有把柄落到了你手中。要牢牢记得对待秘密的要诀:知道就好,切勿传播。

不争不吵,难得糊涂

在生活中,我们经常遇到与人争执的情况,争执有大有小,大到原则问题,小到鸡毛蒜皮的拌嘴。每个人都有自己的脾气,遇到一句话不对,双方多说几句,拌嘴就会变成争吵,争吵如果没有结果,还可能变为严重的分歧和对彼此的仇视。

有些人把争执当作习惯,事事都要争个明白,即我们经常说的"较真儿",较真儿的人什么都要计较一番,在公司里,他们会和上司计较任务的分配是否公正、自己是否多做了；在公车上，他们会计较是否有人"加塞"，不管别人有没有急事；在超市里，他们会计较蔬菜的斤两，防止自己吃亏……总之，他们的较真儿基于一种"保护自己"的心态，甚至觉得这全是自己的正当要求——这固然没有错，但在别人看来，未免有点小肚鸡肠。

因此，他们的形象也就这样固定下来，较真儿的人有个特点就是嘴碎，什么都要唠叨几句、争辩几句；如果有人批评他们，不论对错，他们都会先抱怨几声；如果有人招惹了他们，他们更会说个没完没了，拉着人分辨是非曲直……这样的人总是将眼光放在小事上，他们的度量也很狭小，常常表现得没有气度。对这样的人，人们只能敬而远之，避免与他们发生争执，而他们则会自我感觉良好，以为自己占尽道理。

没有人能做个人人喜欢的好好先生，所有人都不能避免争执，但是也不要做个小肚鸡肠的人，总被卷到是非里，或者总是引起是非，这只能说明一个人的性格太过浮躁，不能控制自己。想要改善自控力，仍需要在磨炼性格上下功夫。

一位高僧带着弟子进城化缘，城里有个无赖叫王三，小时候念过几天书，肚子里有点墨水，却仗着家里有点钱而横行乡里，见人就要挑衅。王三听说高僧的名头，便特地带了几个家丁，耀武扬威地拦住高僧的路。

王三对高僧打量一番，斜着眼睛说："听说你是个得道高僧，地方上的要人都敬你三分，我看也不过如此，你真的像他们说的什么都懂吗？"

"哪里，贫僧什么都不懂。"高僧不动声色地回答。

王三带着家丁大肆嘲笑高僧一番，才让高僧继续赶路。从那以后，王三经常在城里宣扬高僧不过浪得虚名。高僧的弟子们听了不禁为师父叫屈。高僧说:"王三为人轻狂,若跟他争辩,他肯定不服,还要胡搅蛮缠。何必做这种徒劳无益的事呢?"

一年后,高僧仍是众口称赞的高僧,王三仍是横行街里的无赖,而且名声越来越坏。弟子们这才明白师父为何退让,这退让里包含了为人的智慧。

有些人遇事喜欢一逞口舌之快,对于有理的事,他们寸步不让,一定要用自己的好口才说得别人哑口无言,以证明自己的正确。其实,有理不在声高,更不在你说了多少,有时候简简单单一句话好过开个辩论大会或者批斗大会;这些人一旦形成了凡事较真儿的习惯,即使自己没理,也要"没理搅三分",胡搅蛮缠,非要别人同意他的观点。这样的人就像故事中的无赖王三,他以为自己在"以理服人",其实不过是在仗势欺人。

对于这样的人,最好的做法是像故事中的高僧那样不予理会。与无赖争辩,就是把自己下降了一个层次,即使争出个所以然又能怎么样?人们看到的不过是两个无赖在吵架。不如退让一步,不为这种争执浪费时间,也不为无赖贡献吹牛的资本,日久见人心,时间长了,人们自然能够区分什么是涵养、什么是无理取闹。那么,如何在生活中避开无谓的争执?

1. 平时说话要注意分寸

与人争执,有时是别人在找碴儿,有时是自己在找麻烦,平日说话就要注意话语分寸,避免埋下麻烦与祸端。有些人说话喜欢直来直去,不懂委婉,总是把自己的观点表达在明面上。这种性格固然会带给你"坦率"、"耿直"等赞美,但在更多时候却会为你树立敌人。

对那些无关紧要的小事,多数人都会"睁一只眼,闭一只眼",宁可糊涂一点。其实糊涂一点没什么不好,当别人说话的时候,你想也不想就反对;

当别人都在夸奖的时候，你偏要起高调似的来句批评，让他人下不来台，如此一来，他人不会敬佩你的"耿直"，只会觉得你太不体谅人。委婉处世的人才能灵活，直来直去的人走的不一定是直线，有时候是偏离方向的斜线。

2. 发生争执，尽量转移话题

如果我们愿意检讨一下争吵的原因，会发现多数吵架都是因为芝麻绿豆大的小事，你一言，我一语，谁也不让谁，才会吵得不可开交。如果有一方愿意少说一句，多退一步，吵架就能够避免，而针锋相对只会让矛盾愈演愈烈。

回头想想，为了这么点小事吵得面红耳赤真是不值得，所以不妨首先做那个愿意退让的人。这就需要具备判断力和控制力。判断力是指吵架的原因究竟需不需要据理力争，还是可以笑一下就过去的小事。控制力是指对方对你恶言相向时，你能不能按下自己的脾气，首先将话题转开。如果你愿意转移话题，只要对方是有基本判断力的人，也会顺着台阶忍下自己的脾气，配合你的话题，这样才能顺利避免一场争吵。

3. 当别人故意挑衅时，不要理会

有时候我们会遇到故意找碴儿的人，这个时候，只能选择避其锋芒，不要为一时之气惹事，这并不是胆小，而是没必要为一件不值得的事浪费自己的时间，明知道对方的目的是挑衅，是撩拨你的脾气，还要上当，是一种不智。有人没事找事的时候，你更不能应对这个"闲事"，不如劝自己心胸开阔点，多一事不如少一事。

宽容是人际关系的润滑剂，即使面对他人的无理取闹，他们也会一笑了之，他们更不会在谈话中咄咄逼人，让他人无路可退，于是，他们原本的敌人不再是敌人，原本的朋友成为知音，人生道路更加畅通无阻。

想要轻松，减少抱怨

在生活中，有些人常常让我们觉得头大。他们的单线思维，他们的一根筋，他们肤浅的分析能力，还有他们根本不考虑他人的行事作风，这些都让身边的人备感厌烦。例如，他们并不是别人的顶头上司，却经常对别人指手画脚，发表一些"高见"；出了事情，他们先不检讨自己的毛病，首先要埋怨别人做错了，耽误了自己；更让人没办法忍受的是，他们其实并不是没有责任感，也并不是没有能力，他们只是习惯了抱怨别人和指责别人，一天不抱怨指责，他们就难受。

一个人一旦习惯抱怨指责，他们就永远失去了成长的机会，因为他们再也看不到自己的缺点，习惯于挑剔别人，从别人身上找错处，以证明自己的正确。这样的人往往带了一点优越感，认为自己不可能出错，出错了就是别人的事，其实，这就是一种推卸责任的行为，把自己本应担负的责任推给别人，换来心理上的轻松。

抱怨和指责还有更深层次的心理原因，就是抱怨的人遇到了不顺利的事，他们急于发泄心中的郁闷和不满，抱怨他人、指责他人就成了他们脾气的出口，他们通过这种方式来发泄怒气，让自己取得心理平衡。殊不知，这样做虽然暂时把不良情绪转嫁到别人身上，却会招来他人的不满与怨恨。久而久之，他人拒绝与抱怨者和平相处，抱怨者的处境自然就会更糟糕，这时候，他们就会有更多的抱怨和指责，形成一个恶性循环。

司先生是某个公司的主管，他被人戏称为"司令员"。司先生是有名的急脾气，手下做错了事，他总是不问缘由，劈头盖脸先骂一顿，消了气以后才开始分析问题。他手下的人常常哀叹自己怎么摊上了一个这样的上司。后来，司先生升职去了总公司，他自己春风得意，手下的人也欢天喜地。

到了总公司后，司先生遇到一个难题，他发现自己组的组员们怠工情绪严重，他想要及时解决这个问题却苦于没有方法，只好和从前的下属联系：难道自己的领导方法出了问题？那为什么以前配合得好好的，换个地方就不行了？

下属年纪不小，和司先生有多年的交情，此时忍不住实话实说："其实，你以前也有不少问题，只是大家习惯了你的脾气，没有表现出来。别人犯了错，你问都不问就指责，谁能受得了？平时你总是抱怨手下太笨，什么都要自己做，了解你的人可以不跟你计较，跟你不熟的人会怎么看你？要想在新地方站得稳，的确要改改你的脾气……"

抱怨指责的话一旦说出口，如果别人没有及时反驳，抱怨者就会更加认为自己没错，于是，他们渐渐形成了习惯，常常"出口伤人"，殊不知，自己给他人带来了巨大的压力。故事中的司先生曾经有一群宽容的下属，他们愿意容忍司先生的脾气，但是换个地方，这种脾气无法宣泄，如果抱怨和指责没有任何凭据，谁愿意做另一个人的"情绪垃圾桶"？

抱怨指责反映了一个人的脾气禀性，不论是抱怨他人做得不够好，还是指责他人做得不够多，被抱怨者难免产生同样的怨气，甚至反问那个抱怨的人："你自己做得如何？你以什么身份抱怨或指责我？在你抱怨或者指责的时候，有没有考虑到我的感受？"这些问题往往都不在抱怨者的考虑范围，可见，抱怨者太过自我，只看重自己看到的那一部分，考虑不到别人，长此以往，就会抱怨成性，遭人厌恶。那么，如何克服抱怨和指责？

1. 想要抱怨，先检讨自己的不是

抱怨是生活中常有的事，对于喜欢抱怨的人，气温升高一度也有可能成为抱怨的理由。每个人都会抱怨，遇到倒霉的事，抱怨两句不是什么大事，怕的是一直抱怨，把抱怨当成生活的全部。

想要抱怨的时候，不妨先想想眼前的"倒霉情况"究竟是怎么形成的，自己有没有责任，有什么责任。只要认清自己的责任，抱怨自然就说不出口，明明自己有错，怎么能去抱怨别人呢？正确的自我认识是克服抱怨的第一步。

2. 想要指责别人的时候，先想想别人的优点

指责也是人们常犯的毛病。当别人犯了错误，作为上司、朋友、长辈、同事甚至陌生人，都可以指责，但要把握指责的"度"。特别是熟人之间，口无遮拦地指责会伤害到彼此的感情。想要指责别人的时候，不妨先想想别人的优点，想到优点，口气自然会变好，说话用词也会更加委婉，达到更好的沟通效果。

3. 想要抱怨指责的时候，立刻逼迫自己去做其他事

不论抱怨还是指责，都是应该克服的习惯，想要克服并不难，只需要付诸行动。抱怨或指责的话到了嘴边，立刻闭嘴，去做别的事，工作、娱乐甚至看看风景，什么事都可以。一件事当时没抱怨，过后就不好再跟别人抱怨；当时没指责，也不好再"秋后算账"，如此一来，就会慢慢改掉这个习惯，让它再也不会困扰自己或他人的生活。

4. 常常思索抱怨内容，想想解决办法

很多人习惯性地对生活抱怨，却不知道自己究竟在抱怨什么。举个最简单的例子，很多人抱怨自己的公司薪水低、工作累、没有发展，他们只知道抱怨，却不会因为这种状况试图改变自己。其实这不是在抱怨，而是在逃避，逃避进取也逃避机会，他们的骨子里有一种惰性，一方面不满意现状，一方面又不知如何改变，也害怕改变现状。

抱怨和指责大都来自不愿改变现状的惰性，如果能常常想想自己究竟在抱怨什么、指责什么，想想如何解决这些麻烦，人们的心思就会不再为自己和他人的一时错误纠结，目光也会更长远。这个时候，事事不顺就会被看作一种考验，而不是一种不公正，如此，人们会有更多的勇气去面对困境，积极解决，不顺自然也会变为顺利。

是是非非，何必纠缠不休

做事有打算、说话有分寸，都是成熟的一种表现。话在肚子里的时候只有一种：心里话。话一旦出口，就会被人认定某种性质，例如客气话、场面话、掏心话……有一种话常常作为日常生活的调剂，如果说得不多，它会成为人与人关系的缓和剂，以它的幽默和狡黠让交谈双方会心一笑；但一旦说多了，就成了让人反感的挑衅，甚至会成为拌嘴的导火索，这种话俗称"抬杠"。

抬杠的人有的是因为喜欢耍贫嘴，习惯性地和人唱反调；有的是喜欢认死理，别人说"是"，他们非要说"不"。抬杠到最后，他们已经忘记了自己最初的立场，只要对方说对的，他们一定要想方设法证明不对，这时候，另一方也许已经经不住他们的咬文嚼字，干脆结束话题；也许从此对他们心怀芥蒂，成为日后相处的障碍。

抬杠不但伤害人与人之间的感情，还会让人损失很多东西，抬杠的人每天会把很多脑力和精力用在耍嘴皮子上，他们太过注重口头上的是与非、得与失，以致很难把精力集中到正事上。他们似乎把该办正事的精力全放在口头上，让人们怀疑他们为什么不去加入辩论队，如此也许能"发挥特长"，这并不是夸奖他们口才好，而是在讽刺他们只会嘴上功夫。何况，辩论的人能始终坚持自己的论题，使所有话都为自己的论点服务，抬杠的人只知道反驳对方，常常强词夺理，哪里有辩论的架子？

某所高中的两个老师喜欢抬杠，他们教的都是语文，在同一个办公室里，每天都能听到他们抬杠。一个夸A班的某学生作文好，另一个一定要抬出B班的另一学生，说他的文章更好。他们两个口头功夫下了不少，可是，两个人带的班级的平均成绩远远不如同一办公室的何老师。

何老师从不和两个同事抬杠，她知道这两个人抬杠成性，每次讨论课件的时候，她都会直截了当地说："我知道你们说的那两套方法不错，现在我要说的是我的看法。"一句话堵住了两个同事的抬杠念头。何老师私下对朋友说："他们每天都会为谁好谁坏抬杠，同样的时间，为什么不用来备课呢？何况，总是抬杠，没有实际意义不说，还影响同事间的感情，真不明白他们整天在想什么。"

抬杠的人有个特点，他们的思维灵活，反应也比平常人快，口才还很好，兼具刻薄和幽默，这些都让他们在抬杠中有话说。不过，"有话抬杠说"不如"有话好好说"，善意的言辞永远受人欢迎，而抬杠的人抬杠久了，总让人觉得不耐烦，不是认为他们在看笑话，就是认为他们在泼冷水。其实抬杠的人未必有这个意思，他们只是养成了凡事都要多说几句的习惯。

就像故事中不停抬杠的两个同事，他们的抬杠只是为了和对方过不去，无形中浪费的是自己的精力，还影响了同事间的关系。俗话说"好钢用在刀刃上"，好的学识、好的口才也是如此，抬杠的话说一两句尚可以表现自己的机智风趣，多了就成了令人厌烦的贫嘴，还是少说为妙。那么，如何"打住"抬杠的念头？

1. 克制自己的好胜心

抬杠其实是好胜心在作祟，凡事不愿落在下风，即使在口头上也不愿被人占了便宜，所以才会一句跟一句地和人抬杠。其实，口头上的胜负最不实用，就算抬杠赢了也不能显出你的真才实学，只会让人觉得你会耍嘴皮子。

好胜心人人有之，不甘落在下风也是人之常情，不过，抬杠的人常常会给人一种感觉：这个人没有实力，只会抬杠。其实，这个抬杠的人未必没有实力，但他长久地和人抬杠给周围人形成一种错觉：抬杠是为了掩饰他在其他方面的贫瘠。有实力的人往往比较稳重，很少有多余的心力与人抬杠。

2. 拿实际成绩说话，不要耍贫嘴

抬杠又被称作耍贫嘴，由此可以看出人们对这种行为的不赞赏。耍贫嘴的确能给他人带来一些笑声，给生活带来一些调剂，但贫嘴耍多了，耽误的是自己。

真正好胜的人在意的不是口头上的长短，而是实打实的成绩。口头上的胜负不会被人记住，就算记住，也只能记下"那个人口才不错"这类算不上特长的表扬，但是，把口才用作抬杠，未免大材小用，不如将自己的好胜心用在该用的地方，还能做出一番成绩。

3. 不要总是否定别人

抬杠的人有一个特点：他们喜欢否定别人，否定别人的话、否定别人的提议，他们没有什么原则立场，只是习惯性地否定一下他人，而他人知道他们在抬杠，也从不重视他们的意见。长此以往，抬杠的人说的话越来越没有分量，有时候说句正经话，别人以为是在抬杠，不予理会，换来他们自己的郁闷。

抬杠容易造成人与人之间的偏见和误解，甚至会和他人结下芥蒂，而且这种芥蒂一时之间不会显现，等到显现的时候，二人已是结怨已久。在人与人的交往中，要时时抱有尊重他人的心理，即使有时会说几句逗趣的话，也不要发展成抬杠。其实，抬杠的话到嘴边，缓和一下就可以变为一种幽默的调侃，喜欢炫耀口才、短时间又无法改变的人，不妨先试试这种方法。

好奇心，要适可而止

在人际交往上，人们较喜欢和成熟的人接触，因为成熟的人最会把握人与人之间的分寸，你根本不用担心他们问出不合时宜的问题。而那些不成熟的人有时像是追踪新闻的记者，又像是哪个机构派来的人口调查员，一旦和他们谈话，并引发他们的好奇心，他们的问题就会像机关枪射子弹一样，全方位、多角度地向你袭来。他们的问题五花八门，从家庭到学习成绩，从交友到恋爱观，不论你如何表示不想回答这些问题，他们都会问个不停，一定要挖出答案。你不回答，他们誓不罢休，也就是人们常说的"打破砂锅问到底"。

大概每个人都有过当"砂锅"的感受，不管你有多不情愿，对方就是不停地问你，不许你不答，换着花样逼问答案，你如果不告诉他们，他们会嗔怪你"不够意思"；你如果因此发怒，他们会说"开个玩笑，这样就生气"；你如果干脆不理，他们会说"装什么装，又不是什么秘密"……明明是他们不重视隐私，随口就问，到最后，错误都怪到了"砂锅"身上。

如果你有过这样的经历，就要检讨一下自己是否也把别人当成过"砂锅"，有时候，你问别人一个问题，可能是出于好奇，可能是出于挑起话题的需要，那么你是否注意到别人听到问题时脸上闪过的一抹不自在？你是否留意别人在回答时字斟句酌，根本不想深谈？我们也都在不经意间提出过不受欢迎的问题，给别人带来不便。

小怡出国留学两年，回国后受到父母朋友的交口称赞，都说小怡"长大了"、"会说话了"。小怡自己对自己的评价是："我以前好奇心太强，在外面两年，碰壁多了，自然就学会了看眉高眼低。现在不会像以前一样，拉着人家问个没完。"

过去，小怡是个热情得过了头的女孩，特别是对初次见面的人，她怕冷落了对方，让对方不自在，总会抓着人问东问西。小怡是直性子，对"体重"、"年龄"、"收入"、"家庭状况"这些涉及个人隐私的问题不知道回避，常常让人答也不是，不答也不是。

现在，小怡仍然很热情，但不会让初次见她的人不自在，她会问一些轻松的话题，例如，"你今天穿的裙子好漂亮，是在哪里买的"、"听××说你擅长工夫茶，传授一点'功夫'吧"等无伤大雅又能提起别人谈话兴致的问题。最重要的是，从前小怡问问题，只要问题出口，不得到答案誓不罢休，现在，发现别人不想回答，她会聪明地换一个话题，让双方都不尴尬。

好奇心如果没有尺度，就会变成人人惧怕的八婆，即使你出于关心想要了解别人，也会被人理解为打探隐私，甚至怀疑到你的人品。所以，在与人交往的时候切忌交浅言深，不要在与别人不相熟的情况下就问东问西，这涉及一个人的修养。试想，如果一个陌生人对你问个没完，你会不会反感？会不会觉得这个人别有用心？

即使对熟悉的人，太强的好奇心也没什么好处。每个人心中都有一些不愿意让他人知道的秘密，不要以为你们的关系好，他就必须对你坦白。尊重别人的秘密是一种成熟，如果你们是朋友，你应该比他人更加尊重朋友的隐私，不要强迫朋友说不愿意说的事。任何时候，都不要打破砂锅问到底，不妨用下面几点来要求自己：

1. 不要打听别人隐私

隐私对每个人来说都是重要的、私人性质的。有些时候它是神秘的、无人知晓的；有些时候它虽然人尽皆知，但主人根本不愿谈论它，宁愿当成谁也不知道。不管哪种情况，隐私都是一个人心中最重要的部分，随便询问构成了一种"侵犯"，最容易遭人反感。

各个国家、各个地区的人对隐私的概念不同，不同文化中对隐私的界定也有宽有松，想要更好地与人交往，首先要了解他人隐私的大致范围。还有一个方法就是与人交往尽量用常规谈话和讨论具体问题的形式，这样既能避开隐私问题，又能保证双方互相了解、增进情谊。

2. 不要问别人他们不知道的问题

有时候碰到一些人，特别是一些我们觉得专业或者有充足人生经验的人，就会忍不住问一些问题。但是，就像你问一个老师"××学生能不能考上重点大学"，在成绩公布之前，这种问题不可能有准确的答案，只会让被问的老师为难。所以，当你想要提问的时候，不妨设身处地地想想自己是否能够回答这类问题，如果答案是否定的，还是不要开口为妙。

还有的时候，你认为别人应该知道的问题，理所当然地询问，却可能换来别人的尴尬。例如你和地里的农民谈诗歌，农民未必不懂诗歌，但概率较小，多数时候你会让他们摆着手说："我不懂，我不懂！"这个时候，旁人嘲笑、轻视的其实是提这种问题的你。

3. 不要逼迫别人说不想说的话

在与人交往中，你会发现有些人喜欢答非所问，你问的是 A 事情，他回答你 B 事情，这让你怀疑对方理解能力有问题。其实有问题的不是对方，而是你，有些人说话委婉客气，这个时候你要懂得辨别。当你察觉别人不想多说，就不适合再继续追问下去，否则就是在逼迫他人说根本不想说的话，这同样是一种令人厌恶的行为。

在提问之前首先应该自己想一想答案，能想出来的，我们干脆不问；不确定的，我们要想想这个问题是否涉及他人隐私，是否会引起对方不快，还要想想是不是存在这样一种情况：也许对方根本不知道答案。不管是哪种提问，都不要变成打破砂锅似的盘问，这会让原本融洽的谈话变成审讯，让对方兴趣尽失。

善解人意，方为可人

古典名著《红楼梦》中，林黛玉和薛宝钗是两个重要的角色。林黛玉有很多优点：美丽、聪明、细心、惹人怜爱，但是，贾府上下的丫鬟们都知道，林姑娘"嘴上不饶人"，喜欢拿别人的错误打趣，让人没面子。比较而言，人们更愿意接触善解人意、愿意为他人隐瞒小过错、从来不当面挖苦别人的薛宝钗。而薛宝钗同样客居在贾府，却能让贾府上上下下的人都喜欢她。

有人认为说话不能直来直去就是一种虚伪，但是直话有时会伤人。比如一个姑娘拒绝一个男孩的追求，说"我觉得我们不合适"比"我觉得你长得不够好、学习成绩太烂、没有发展前途"更委婉，也更容易让人接受。有些直话应该留在心里，保留谈话双方的面子。

　　还有一种话比"直话"更让人难以接受，就是专门揭人短的"损话"。比如看到一个矮子，有人说直话："这个人真矮。"矮子虽敏感，但也知道他说的是事实，不至发怒。偏有一种人，说句"放在高脚凳边上，不知哪个高一些"，这样一来，别说被讽刺的矮子，就连路边听到的人都会忍不住想这个人太没有口德，缺乏家教。说话不给人留面子，其实就是在扒掉自己的面子，哪个有教养的人会没事去挑别人的短处作为谈资？

　　明太祖朱元璋出生在贫民家庭，年轻的时候，他为了生计做过小偷、当过和尚，平日，这段不光彩的过去没人敢对朱元璋提起。

　　一次，朱元璋少时的一个朋友听说他做了皇帝，跑到京城来找他叙旧，想求个一官半职。朱元璋想起年少时候的情谊，也想提携这位朋友一把，就把他邀进皇宫。

　　没想到这个朋友进了皇宫还没坐稳，就开始拉着朱元璋说以前的事，他说起小时候家里穷，两个人一起去偷邻居的豆子，还因为着急吃豆子卡了嗓子。他说得尽兴，在座的大臣们看皇帝的脸红一阵白一阵，谁也不敢说话。最后朱元璋大喝："哪里来的妄人！马上打出去！"皇帝的朋友被赶出了皇宫，还是没明白朱元璋为什么说翻脸就翻脸。

　　朱元璋这位朋友如果能聪明一点，在群臣面前说些朱元璋年少时期的光荣事迹，少不了会加官晋爵，得到一笔丰厚赏赐，偏偏他自作聪明，认为说些糗事更能拉近自己和皇帝的距离，难怪朱元璋大发雷霆——谁愿意在众人面前暴露缺点，大失颜面？不论是不给人面子的直话还是专门挖苦人的损话，都会让人反感。

在与人交往中，你要知道有些话该说，有些话不该说，想要友好交流，一定要注意他人的面子，在众人面前，谁都希望听到别人提起自己的得意事、光荣业绩，而不是伤心事、糗事。就算你不喜欢赞美别人，至少要保持谈话的底线——不要揭人短。让别人没面子，别人会视作奇耻大辱。如何留意在谈话中不触及别人的"短"？

1. 不要谈别人的失败

聊天的时候，有些人喜欢谈别人的失败，加上一些"他真倒霉"、"真是可惜"之类的评语，其实他们并不可惜别人的失败，对别人的倒霉也没有那么多的同情，他们只是把别人的失败作为一种谈资，甚至有标榜自己的意思，这时候，听到的人会觉得心里不舒服，特别是那些失败者，像是被一句话贴上了一个标签。

成功与失败是每个人都会经历的事，成功的人往往经过无数次失败，他们明白失败可能是暂时的，也可能是永远的。为什么要揭别人的伤疤，而不是给别人一句鼓励，让对方坚定信心呢？失败者都在默默努力，切勿给他们泼冷水。

2. 公众场合，不要对别人做负面评价

有些人喜欢自诩客观公正，像生物学家分析细胞那样"肢解"别人，把优点与缺点说得头头是道，多数人又都有一种凑热闹的心理，听到你谈别人的缺点，乐得听个热闹。更糟的是他们喜欢传播，反正话不是他们说出来的，不用担责任。

在公共场合对他人做出负面评价就是在做傻事，除非你与被评论者有深仇大恨，随时随地都要说点话损他，否则，没有缘故地否定一个人，会招致那个人甚至旁观者的反感。你未必像你想的那样了解他人，也未必具备资格居高临下地评价，当你满不在乎地说着别人的缺点时，别人也正在心里对比你的缺点，得出你还不如他的结论。

3. 批评时要婉转

一个有原则的人不会永远迎合他人，也不会只拣他人喜欢的话来说。在与人交往的过程中，难免涉及对他人的批评。要知道，指出对方缺点就是在揭短，被揭短的人多数会不高兴，一定要注意批评的方法。

批评最好在私下场合、只有两个人的情况下进行，谈话你知我知，没有第三个人知道；批评的时候，说话尽量婉转一些，不要那么直白，更不要劈头盖脸骂别人一通，中肯地批评、有见地地建议不但更容易让人接受，也更容易让人理解你的一片苦心。不论什么样的谈话，只要把别人的面子记在心中，就不会招人厌恶。在人与人之间，尊重是交往的第一步。

事要做全，话别说满

中国自古讲究"言必信，行必果"，说出来的话就是承诺，为了自己的信用也必须做到。有时候，我们说话时满怀信心，但涉及现实层面，却发现实际情况比想象的要复杂得多，做出事的效果自然也打了折扣，给人留下了"不守信用"的印象。说话的人难免郁闷：为什么辛辛苦苦做事，还落下了坏名声？这是因为做事没后手，说话没城府。

说话需要负责，说话也需要技巧，当你在说话之前，首先要想想这句话说出去的后果，你真的能办到承诺的事，并保证万无一失吗？你是否因为这种"打包票"的态度吃过亏，忙了半天却只得到了别人的抱怨？如果答案是肯定的，那你在说话的时候就先打个折扣，不要把话说得那么"满"，这样说话既给了自己巨大的压力，也给了别人极大的希望。

说话和做事可以遵循两条规律，说话的时候不妨有所保留，让自己有回旋的余地；做事则要全力以赴，对人对己都不要留下遗憾。这样一来，别人看到你用心做事，很少吹牛，会更加敬重你的人格，你的信用度也在无形之中飞速增长——话说一半，事做全部，是最好的做事方法。

老柴是一所高校的教务主任，他为人热心，肯办实事，但人缘却不好。他一直很纳闷：为什么自己经常为人着想，却总是落不下好名声？老柴的老婆是个明白人，她常常劝老柴："就算能做到的事，也不要对别人说满，不然就算你尽力了，做不到别人还是会埋怨你。"老柴却常常把夫人的话忘在脑后。

一次，学校要搞一个青年教师职称评选，老柴对手下的年轻老师们拍胸脯保证会为他们争取名额。没想到这个评选是省里的，分到学校的名额少之又少。老柴前前后后跑断了腿，也只拿到了两个名额，这让那些年轻教师非常不满，有人在背后议论："没有那个本事，就不要吹牛。"老柴听说后，才想起了夫人的话，他开始检讨自己是不是真的把话说得太满，以致落得两面不讨好。

把话说得太满的人最容易走进死胡同。这样的人又可以用"自掘坟墓"形容，他们豪气万丈许下诺言，在实际过程中才发现事情并非那么简单。这时候，他们只能选择言而无信或者死要面子，两个选择的结果都让他们不好受，后悔当初说话不经大脑。就像故事中的老柴，没事找事，还给自己招来埋怨，这就是说话没分寸造成的可怕后果。

那么，怎样说话才算有分寸？

1. 不要轻易许诺

一诺千金是我国古代的佳话，不过，一诺千金的美名来得不是那么容易，"诺"是口头的，而千金可要看行动。和"诺"有关的，往往是对他人生活有一定影响的大事，你随口答应又做不到，不但自己没面子，也会耽误别人。

人人都想做守承诺的君子，但在许诺之前先要想想自己的能力，还要充分考虑可能出现的意外。像对待自己的人生那样对待自己的许诺，自然就不会轻慢，也不会把话说得太满。有城府的人不是不热心，比起许诺，他们更重视行动。

2. 不要随便夸耀自己的能力

生活中不乏夸夸其谈的人，他们喜欢夸耀自己的能力，说到自己做出的成绩、受到的重视，他们神采飞扬，还会加上很多佐证，旁听的人一时无法判断他们是不是在吹牛。其实吹牛本身没太大问题，只不过是因为自己的一点虚荣心，但吹牛有时也会给人带来麻烦：一旦别人听信了你的话，针对你的能力请你办一件事，你如何圆场？

没有能力的人吹牛容易在行家面前出丑，有能力的人也不要动不动就夸耀自己，因为你的能力是有限的，架不住很多人同时求你帮忙，也架不住很多人同时提出质疑。不如低调一点，拿实际成绩说话，是最好也是最令人信服的。

3. 不必把目标放在嘴边

很多人都有这样的经验：精心准备一件事，把目标放在心里去做，成功率很高，一旦对别人说出自己的目标，结果往往是失败。这并不是撞邪，而是你一旦说出目标，就有一种"赶鸭子上架"、"必须做好"的错觉，他人的眼光也成了监督力量，让你不敢松懈。

欲速则不达，越是想做好的事，越会因为焦急出现纰漏，所以在事成之前，还是不要轻易说话，用实际行动证明自己才是聪明人的选择。不要为了表现自己的自信把话说得太满，与其拍着胸脯向人吹嘘自己能做到什么，不如低调地用成绩告诉别人自己做过什么。

事要做全，话别说满，想要约束自己的行为，让所有行动为最好的结果服务，先要管住自己的嘴，不议论他人是非，不随便与人争执，不泄露他人秘密。不论多么有信心的人，豪言壮语在嘴边也要停一停，这就是说话的艺术。

第三章
疾风骤雨中，停下来，看流水落花

看淡，就是好心境；想开，就有好心情。脚步匆匆的日子里，火烧眉毛的事件中，不妨停下来，倾听心灵的诉说。

生活，值得细细品味

性格上的修养是指一个人对性格的准确把握，包括对某种性格优缺点的判断，对性格表露出的外向特征的控制力，以及能否在实际生活中扬长避短。每个人都有自己的性格，有些人性格温和，做起事来慢条斯理，进度也许不快，却稳扎稳打，结果总是不坏。有些人刚好相反，他们做起事来风风火火，步子快得让别人跟不上，但是，走得太快的结果就是连路上经过什么风景都记不住，他们也许比别人更快地到达目的地，收获却没有那些慢步伐的人多。更可悲的是，他们不认为这是一种缺点，等到他们真正察觉自己少了很多东西时，往往为时已晚。

人有百态才造就了人世百态，但在这"百态"中，急躁易怒是一种容易吃亏的姿态。急躁的人做事毛躁、急于求成，这就让他们比那些遇事冷静的人少了几分分析能力和辨别能力，变得一根筋。做事的时候，他们恨不得一下子就完成所有事，难免快手快脚，忽略细节，导致小细节上疏漏不断，这些小错误累积起来，足以影响大局。

焦急和急躁都是心无城府的表现。不要说个性是天生的，无法更改，其实脾气急的人也有心细的时候，不然怎么会有"粗中有细"这个成语？或者说，脾气急的人更应该修炼自己的城府，以弥补由自己的脾气造成的伤害，如果放任自己的脾气，人生就会遭遇一连串不如意的成功或是一连串可以预期的失败。

古代有位将军，行军打仗本事一流，他的声名传遍国内国外，可惜这位将军脾气不好，为人暴躁，得罪过不少人，犯了不少错误。这一天，将军请教一位有名的禅师，禅师说："我想这件事不用我再给你指点，你应该改掉你的脾气。"

"可是，我的脾气是天生的，根本改不了！"将军说。

"既然是天生的，一定时时刻刻都在你身上，现在请你把这脾气拿出来给我看看。"

"现在拿不出来，但我一与人争执，它就出来了。"将军说。

"既然不是时时刻刻拿得出来，那就是你自己控制不住，不能把责任推给上天，你现在和我说话能够心平气和，为什么与人争执的时候不能呢？"

将军被禅师数落一顿，但还是认为"江山易改，本性难移"。他的脾气没有收敛，反倒随着功劳的累积愈演愈烈。再到后来，将军在战场上少了一分指挥若定的气魄，却多了几分急于求胜的好胜心，导致了他很多次失败。

俗话说"江山易改，本性难移"，这也是急脾气的人常常为自己找的借口。是啊，天生的脾气怎么能改呢？其实这种"天生论"很容易驳倒，最简单的例子是小孩子不会一辈子保持小孩子脾气，因为后天的教育和自我教育足以让他们趋利避害、完善自我，所以，"天生"不是保持急脾气的理由。如果一味地坚持自己的急脾气，不肯让步也不肯冷静，结局就会像故事中的将军那样，自己走进死胡同。

做事想要仔细，就要克制自己的急脾气，耐心和细心都是急躁的敌人，想要自己巨细无遗，就要耐着性子思考、检查每一个环节是否有疏忽，不要迷信自己的"天才"，认为自己做什么都可以一次定型；也不要妄想一步登天，以为只要做了就能成功。做事急躁的人总会遇到各种各样的小麻烦，他们并不是没有做大事的能力，而是总被一些小麻烦绊住脚，分散精力，以致更加毛躁。想要判断自己是不是太过急躁，可以参看以下急躁的表现：

1. 学习和做事囫囵吞枣

急躁的人不论学习还是做事情，就像猪八戒吃人参果，拿到手连味儿都不闻就整个吞下去，然后安慰自己说"一口都没浪费，全部都吃下去了"。这个方法固然在短时间内让你学到了最多的东西，可是消化得完吗？能够转化为自己的学识和能力吗？上学的时候，我们也许可以用这种方式应付考试，可是，如果没有细致的学识和做事的计划，真的能应付步入社会之后的一次次挑战吗？

而且，生命是一个值得细细品味的过程，太过着急地赶路，就会错过路边的很多风景，减少生命中诸多有趣的体验，到最后只能像书中的猪八戒一样，看着孙悟空和沙和尚美滋滋、一口一口地吃着果子，自己却连果子的味

047

道都不知道，岂不是太亏了？

2. 很少与人深入沟通

急脾气的人风风火火，来去匆匆，他们很少能静下心来和身边的人商量事情、听身边的人的意见，他们常常把话听一半，就兴冲冲地去办事，事情办到一半才发现自己没听明白，又回来重新听，再听一半继续做。他们以为自己节省了时间，其实是降低了不止一倍的效率，他们的认识常常停留在"一知半解"上，无法深入领会他人说话的含义。听人说话刚听几句，就说"我知道了"是他们最常做也最让旁人无奈的事。

3. 炮仗脾气一点就着

脾气急的人还有个特点就是爱发火，他们往往是直性子，没有坏心眼儿，但偏偏听不得别人两句话，动不动就要发火，发完火之后也能察觉到自己不对，后悔不已。可是，不该发的火已经发了，不能得罪的人已经得罪了，不想办砸的事已经办砸了，这时候再说什么都晚了，只能怪自己太心急，不够理智。

4. 遇到变故沉不住气

脾气急的人最大的软肋就是沉不住气，他们也知道等待时机的重要，却总是在时机不够成熟的时候迫不及待地开始行动，然后在遇到变故时急得团团转，更加不知所措。这个时候，事情早已泡汤，他们的急脾气不但给自己带来损失，还可能给集体带来恶果。

从着急到后悔，脾气急的人经常重复这个循环，无法突破，如果总是抱怨自己的脾气，不想办法改善，只能让这个循环持续不断。只有多些冷静、多些理智、多些定力，才能在日常生活中有意识地锻炼自己，在急脾气发作的时候克制自己，不做出事后后悔的决定。

左右心情的，不是事态，而是心态

人们常常遇到"紧急情况"，紧急情况可大可小，小的诸如一次见面、一次突来的考试，大到一个措手不及的变故，甚至一场危及生命的灾难。燃眉之急当前，再冷静的人也会变得焦躁，不安的情绪左右了理智，眼前似乎看不到什么希望，手心出汗、头脑混乱、四肢僵硬，有时干脆害怕得闭上眼睛，什么也想不出来，甚至语无伦次、大失水准。

燃眉之急有时是一种急切的状况，更多时候却是一种心理状态，人们处于"灾难快来了"、"马上就要失败了"、"要完了，这次要完了"等消极的心理暗示之中，并且不断提醒自己情况有多么糟糕，情况还会更加糟糕。这个时候，左右心情的不再是紧急的情况，而是我们对事情的看法，在解决事情前，我们已经急得忘记去想解决的可能，出现自暴自弃心理。

能否应付燃眉之急，反映了一个人的心理素质是否过关。有城府的人不是神人，不会在所有突发状况之前面不改色心不跳，他们只是会比很多人更快地镇定下来，开始想事情的另一面，想一种积极的可能，想解决问题的办法，这一切都让他们看上去有定力、有控制力。在大事面前，定力是操控全局的关键，而定力的产生并不是天生决定的，而在于一种稳定的性格，这种性格能够保证人们在面临危机的时候习惯性地开始思考分析，而不是乱成一团。

　　书房里，儿子急得团团转，他正在预备一个考试，之前，老师早就划出了考试范围，他也已经将所有题目背熟，有信心取得最好的成绩，可今天突然得到消息：考卷改由另一个老师出题，以前划的范围全部作废。儿子不禁对妈妈抱怨——一旦这个科目考不好，就会影响总成绩；总成绩不能达到年级前五名，就会影响奖学金，还会影响到申请优秀学生……

　　"你的心理素质不好。"妈妈一针见血地说。儿子不服，妈妈逐条给他分析："首先，你着急的事是什么？考试范围发生了变化，你的准备泡汤了，可是，其他人也和你一样准备，一样泡汤，你们仍然站在同一起跑线上，情况并没有发生变化；其次，你忘记了你是一个努力的学生，平时学习很用功，即使出题范围变了，你未必考不出好成绩；最后，一科考试固然重要，但不应该把一个小意外想成全盘失败，这会浪费你的时间和精力。事情并没有变得糟糕，与其在这里着急，不如马上再去看一遍你的课本和笔记。"

　　真正令我们着急的也许并不是突发状况，而是我们缺少对这种状况的应对心理。如果一个用功的孩子从小就害怕考试，特别是那种突来的考试，说明他要么对自己的能力极度不自信，要么就是过于害怕失败，以致想要逃避。可是，一个小小的考试就能打击到自信，这个孩子又能做多大的事呢？与其害怕打击和失败，不如更加努力。

　　不论何时，心理素质都是决定成败的重要环节，在困难的时候更是如此。当我们为突发情况着急的时候，不妨看开一点，只有心理上镇定下来，才会有冷静的应对行动，不然，就会像惊弓之鸟一样战战兢兢。如果觉得事情紧急，火烧眉毛，坐立不安，不妨参考以下方法：

1. 不要把困难看成困难

困难和紧急情况一旦出现，往往不可逆转，也不会顾及我们的能力和感受，这个时候只能以更强大的心理来容纳它。其实天大的困难也不过是一次失败，失败了重新来一次就好，如果能有这样达观的心理，什么事都不能让我们皱起眉头。

还有，有些看似困难的事，其实并不会阻碍或者伤害我们，只是我们在心理上太过重视它们，让它们具有威慑力而已。如果我们给一件事加上了太多情感，不论是希望还是恐惧，都会增加我们的心理负担，所以，保持平常心是应对困境的最好方法。

2. 要坚定解决问题的信心

世界上没有解决不了的问题，逃避困难的人永远无法解决困难，害怕困难的人只会被困难压倒。也许你的能力还不够，或者你的经验还不足，但要记住，没有人是天生的成功者，困境正是一个考验你的意志、为你增加经验的机会，所以，你首先要做的是坚定自己的信心。

困难已经到来，你只有两个选择：要么承认自己无能、接受失败；要么对自己的能力有信心，争取战胜困境。同样是选择，后者显然比前者更加积极，也更符合人生的基调。即使身边暂时没有"战友"，也要鼓励自己。

3. 积极行动，减少伤害

突发事故让人手忙脚乱，这个时候要对突发情况做一些有益的反应，而不是停在原地坐以待毙，这是一种积极的心理暗示。你可以求助，也可以自救，总之不要消极地等待别人帮你，即使你被困在沙漠中，你要做的也是尽量寻找绿洲，而不是在原地被沙子埋起来。积极行动的人也许不能真的解决困难，但至少可以减少加到身上的伤害。

左右我们情绪的并不是突来的状况，而是我们对事情的看法。同样一个困难，你看到乐观的方面，它就是机会；你看到消极的方面，它就是折磨。人世间的困难不知有多少，如果始终消极焦虑，早晚会被困难压垮，所以，保持一颗平常心才是最重要的。

退一步，反过来走走

生活中，我们常常看到有人对另一个人发脾气，发脾气的人心浮气躁，另一个人不断顶撞，两个人的争吵一再升级。等你问明了争吵原因，又觉得自己不便插手，只能摇摇头看着他们吵架，并听着其间不时有"我这都是为你好"、"我说你难道是为了我自己吗"之类的咆哮。两个亲密的人吵架，外人的确不方便插手。

人与人之间的摩擦有时不是来自仇视，而是因为彼此对对方的关怀。我们每个人都有这样的经历：看到自己身边的人做错事，或者正要做错事的时候，先是劝诫，劝诫不成就是斥责，斥责还是不行，干脆开骂。我们的初衷肯定是出于对对方的关心、为对方考虑，很有"恨铁不成钢"的意思，如果对方不愿意接受，就会觉得对方顽固不化，不听劝，不懂自己的用心良苦，于是更加恼怒。

做事要讲究方法。关心人,为人细心周到,会把自己的关心以他人能够接受的方式送出去,起到良好的效果。而有些人,只会让事情火上浇油,让自己和他人全都不开心。关心人是好事,为人着急也是出于古道热肠,但把一份关心升级到对对方的怒骂甚至伤害,就远离了自己的初衷,还惹人一肚子不高兴,这又是何苦?别人也未必不知道你的好意,而且你跳着脚的样子也会激起他们的逆反心理。

琳琳的妈妈是个急脾气的大嗓门,在单位,琳琳妈是个热情的上司,在家里,是琳琳头疼的对象。琳琳的妈妈对琳琳的照顾可谓无微不至,但琳琳却总是忍不住跟别人抱怨自己的妈妈:"我妈妈什么都要管,有时候我走出家门几十米,她还在门口大叫:'回来!你穿的外套不对!应该穿那套红色的!'我已经不是几岁的小孩子了,她这么做,让我很没面子。"有时候琳琳放学的时候,妈妈也会在校门口接她,琳琳觉得一个高中生还让家长接送,很不自在。

琳琳妈也有一肚子的埋怨,她觉得自己对琳琳的关怀超过任何一个母亲,是一个不可多得的好妈妈,却不知道为什么关怀却变成了琳琳的压力。代沟的产生,让母女俩的矛盾越来越多,琳琳妈会一连对琳琳唠叨几个小时,琳琳也会大叫着对妈妈说:"你别管我!"

母女之间观念差异大,难免有代沟产生。故事里的妈妈看到女儿的问题,没有想办法缓解,而是让女儿直接进入叛逆期,显然是一种不明智的行为。在生活中,有些事让人着急,所谓心急则乱,特别是涉及人与人的关系,越急越容易求全责备,反倒把事情弄得更糟,对自己、对对方都会造成伤害。

人与人的沟通需要注意方法，特别是在心里极端急躁的时候，更要防止出口伤人。如果注意双方之间的距离和分寸，多一些宽容体谅，即使有不愉快的情况，也能很快解决，关键在于你愿不愿意把握这个分寸，真正体谅对方，如果做不到的话，你就只能干着急。想要保持一份和谐的关系，你需要注意以下几点：

1. 别人的人生，你不能代办

有些人关心亲人朋友，他们关心的范围包括生活的方方面面，包括他人的爱好、他人的处世、他人的选择，他们都要提出自己的意见，并希望对方照办。这种事情一旦多了，对方就会觉得你太过越俎代庖，什么事都要自己说了算。

每个人都有自己的人生，就算你再关心别人，也不能替他承担所有风浪，有时候你认为在保护对方，但却干涉了他；有时候你认为在纠正对方，但却伤害了他。说到底，每个人都有自主意识，如果对方不那么想，你再着急也没用。

2. 别人的观点不一定是错的

有些人很主观，他们觉得自己做的事、想的东西都是对的，而别人做的都是不妥的，至少不像他们做得那么稳妥。于是，看到别人做"傻事"，他们真心实意地焦急，劝个没完。一旦别人不听他们的话，他们就会恼羞成怒，认为对方"不识好人心"。

但是，你能保证你的每一个观点都是正确的吗？就算你的观点对你是合适的，但那真的适合对方吗？同样一双鞋，你穿着漂亮，对方穿着就一定合脚吗？

3. 学会站在别人的立场考虑

为别人着急不是坏事，但要急在点子上，不要瞎着急，更不能"皇上不急太监急"。学会站在别人的角度考虑问题，也许你会发现自己的观点有不足之处，别人的行为才是正确的。即使别人错了，你也能根据对方的情况提出合情合理的建议，而不是粗暴地干涉，激起别人的逆反心理。学会站在别人的立场考虑问题，既照顾了别人的自尊，也考虑了别人的感受，这时候你说的话听起来更加体贴入微，让人很难不接受。

4. 如果别人错了，更要宽容大度

有时候别人反驳你的意见，一意孤行办了错事，这个时候千万不要说"你看，都怪你不听我的"。其实对方心里已经在后悔了，并且认为你的建议很正确，你在马后补一炮，会让对方觉得好像低你一等，什么都要听你的，从而导致心里极其不舒服，对你产生排斥感。

在人与人的相处中，着急不能解决任何问题，真正解决问题的是心理上的接受和情感上的体谅，就算你再着急，也要记住在你面前的是一个和你个性迥异、有独立思考能力的人，想要更好地解决问题，首先要考虑的是这个人，包括他的个性、情感和具体情况，而不是一刀切，用自己的经验指导他，这样不但不能增进你们的感情，有时候还会耽误对方的大事。

撞上冰山时，依旧气定神闲

在生活中，有稳定性格的人常常扮演领导者的角色，他们在任何时候都能理性地思考事情，做出准确的判断，而不会为一时的情绪迷失方向，或为一时的脾气打乱全盘计划，他们做什么事都不慌不忙。其实，他们也会紧张，但他们从容的心态可以把棘手的事情变得清楚分明，让一团乱麻变得充满条理。这种稳定和个性有关，更需要一定的历练，可以有意识地培养。

一家销售公司的王牌销售员正在给他的徒弟们传授经验，他对徒弟们说："当你急于卖出一套设备，对方又表现出一定的购买兴趣，要记住：沉住气，沉住气才能卖到最好的价格。"

从前，这位王牌销售员也是个愣头青，对那些"大刀阔斧"砍到最低价的买主很没办法，常常以较低的价格卖出设备，所以，他的提成奖金一直不高。他认为自己不适合做销售员，准备改行。在做最后一次销售时，商品是一套底价为25万元的设备，想到马上就要辞职，销售员不再像以前一样和顾客讨价还价，而是冷静地听着顾客对这套设备的挑挑拣拣。最后，沉不住气的顾客以35万元的价格买走了设备。

销售员立刻打消了辞职的念头，他发现那些喜欢挑拣讲价的顾客才是潜在的买主，只要自己比他们更能沉得住气，多数情况都能卖到好价格。靠着这条销售秘诀，销售员的业绩一路高升，成了公司的销售主力。

人的性格并非一成不变，人的脾气也不是不能改变，关键是你愿不愿意"定"住。故事中的销售员是个幸运者，他并没有察觉到自己的问题，却在无意之中发现了成功的秘诀。成功不是天天努力、天天着急就能得到，它既需要你挖空心思，又需要你稳住自己。

人与人、人与事较量的不只是智力，还有耐力。你越稳当，别人越不知道你的底细，越会慌乱。沉稳的下一步就是果断，在别人慌神的时候，你抓住机会，成功就是你的囊中之物。紧急情况虽然常常出现，但你的沉稳会让你冷静面对、寻找机会，这就是古往今来成功者多为沉稳者的原因。那么，如何增加自己性格中的稳定因素？

1. 确定自己的接受底线

如果加以训练，每个人都可以让自己比平时更沉稳，而沉稳不是放弃，它也有一个接受度，一旦没有底线，就和不作为没有任何区别。每个人心中都有这样一条线：可以接受什么、接受到什么程度，一旦超出接受范围，沉稳就不复存在。而这个底线往往很宽泛，能够保证你比一般人更有接受能力，也就更有成功的可能。

一旦你确定无法接受某件事，果断放弃就成了另一种沉稳，没有必要为无意义的事情拖延，那只会浪费你的时间与精力。放弃的时候更不要慌乱，即使那意味着无比麻烦的重新开始，也好过徒劳无功。

2. 不要轻易更改说过的话

对沉稳性格最好的锻炼就是言出必行。说过的话就不要更改，一定要做到底。有时候，你会觉得这是不知变通，让自己吃了大亏。但是，吃亏才能让你真正地汲取教训，在下一次说话之前，想到上次的失败，你会更加谨慎，更加仔细地考虑计划的每一个细节。如此几次，你已经初步具备沉稳的性格，至少你不会随口胡说，也不会随随便便去做那些超过自己能力范围的事，这就是一个巨大的进步。

3. 困难的时候告诉自己坚持下去

坚持是稳定的基础，也是成功的关键。很多事情看似困难，却能在坚持中突破。如果选择放弃，就失去了成功的所有可能，所以，困难的时候一定要告诉自己坚持下去。这是一种缓慢而有成效的性格培养，从心理上形成有始有终的惯性，遇到什么都不放弃，这种性格一旦渗透到事业中，会让你如虎添翼。

沉稳代表的是一种成熟，一种经过大风大浪才能磨砺的气度。有沉稳的性格，不但会让你散发领导者的气场，还会让你更有魅力，更让他人想要了解、接近你。想要形成沉稳的性格需要长期地磨炼，不必惧怕生命中各种形式的苦难，坦然一点，成熟一些，不论成功还是失败，都会让你拥有更多的能力和经验，让你在下一次遇到困难的时候更加气定神闲、无所畏惧。

把困难看轻，才能轻松应对

不论是电影还是小说中，我们常常看到这样的场景：灾难即将来临，每个人都慌慌张张，只有一位大将军（侠客、英雄、智者）站在人群中，面色淡定，看上去胸有成竹。别人看到他这么镇定，逃跑的脚步也慢了下来，至少变得更有秩序。他们对这个淡定的将军（侠客、英雄、智者）充满敬佩，认为他是真正的豪杰，不论心胸、眼界还是能力都在万人之上，还少不了几句歌颂，然后协助他克敌制胜。

镜头一转，灾难过去了，将军（侠客、英雄、智者）挥别了欢呼的人群，回到自己家里，长叹一声，对自己的亲信（亲人、朋友）说："吓死我了！今天真危险！"原来这些临危不惧的人也和普通人一样，当灾难到来的时候也想逃跑，也会害怕，他们的内心世界远不如看上去那么平静。不过，这丝毫不减损他们的形象，反倒让人觉得他们更加真实可亲。

分析这些人的表现，我们就能得出这样一个结论：那些看上去很有城府的人，为什么何时都能够淡定。其实他们大多是强制自己要淡定。他们知道事情躲不过，总要去承担，干脆来个不闪不躲，佯作自己毫不在乎，以这种高姿态面对灾难，有时候灾难倒会被他们的勇气吓得无影无踪，因为在很多时候，"狭路相逢勇者胜"是一条真理。

一个刚刚毕业的电影学院的学生正在参加演员选拔，他很想在一位名导演的新片中得到男配角的角色，可是，看到选拔现场密密麻麻的人头，他在心里打起了退堂鼓：这么多人参加选拔，其中不乏出名演员，自己还能有机会吗？

　　导演亲自监督选拔，他将报名的演员筛选一番，又让他们分组进行试演。毕业生不断鼓励自己："淡定点，没什么大不了。"他和几个人完成了导演的要求。选拔结果很快出来了，毕业生没有得到想要的角色。不过，导演却留下了他的联系方式，并对他说："你的表演状态很轻松，不像新人那么僵硬，可塑性很强。这个角色不适合你，以后有适合你的角色，我会主动跟你联系。"毕业生没想到自己佯作淡定，会带来这么好的表演效果和运气。

　　明知道自己失败，却硬着头皮上阵，反倒更容易轻松，这就是所谓的"置之死地而后生"。在紧要关头，最要紧的心理素质是冷静，最让人欣赏的外在态度是淡定。淡定是一种效果，一种态度，一种能够接受失败，却仍然愿意继续尝试的积极精神。

　　不能真淡定，不妨装淡定，在紧急情况面前，要让自己当一次演员。问问自己你究竟害怕什么，反正事已至此，就把该做的事继续做下去。这个时候，淡定已经弄假成真，你已经恢复了平日的轻松，很容易正常发挥，甚至超常发挥，而结果通常都不会太坏。想以轻松的姿态迎接挑战，不妨用以下方法：

　　1."阿Q"一些，运用精神胜利法

　　一些人不提倡使用阿Q的精神胜利法，但是，如果加以发挥，它也可以成为一种心理安慰法，保佑你度过紧张时刻。只要结果是好的，这种取巧的方法用一下也无妨，只是要记得自己的目的是胜利，而不是精神胜利，否则，你只能得到空虚的满足。

运用精神胜利法首先要在心态上将自己当成一个胜利者，在战略上藐视困难，在战术上正视困难。要把困难看成自己面前的一棵白菜，告诉自己这不是一件困难的事，自己一定能做到，并将自己往日的成功经验作为自信的佐证。这时候，你就能鼓起勇气迎接挑战，不会倒在挑战面前。

2. 想到最坏的结果，告诉自己没什么大不了

面对挑战，人人充满激动和担心，激动自己可能会获得的成就，担心自己可能遭遇的失败。想要在这个时候淡定，就要事先想想什么是最坏的结果：是失败吗？是失去金钱吗？是失去他人的信任吗？每一次失败都会伴随失去，但成功就是由一次次失败累积的，在那之前，失败成了一种必然，只有量多量少的区别。

如果想明白这一点，就已经做好了接受最坏结果的心理准备，这个时候，你还担心什么？最坏"不过如此"，于是心跳平复下来，注意力逐渐集中，不再为成败分神。这时，成功已经看到了你，开始向你招手。

3. 硬着头皮也要撑住，失败不失态

淡定只是一种态度，并不能左右最后的结果，当你尝试了、努力了之后还是失败，一定要记住——这个时候更要淡定！不要捶胸顿足、痛哭流涕，即使你失败了，也一定要装成偶尔失手的样子。当你以淡定的态度面对失败，即使那些成功者也会为你散发出的成熟气场倾倒，更会有人立即断定你能够做大事。

想要拥有一份轻松的人生，首先要将困难看"轻"，以淡定面对一切，在紧急关头不能失控，即使失败也不能失态，只要你端正态度，就能看到更多美好的可能。无论什么时候，淡定都是一种沉稳、积极、理性的态度，它既能让你恢复自身的冷静，又能震慑你的对手、说服你的同伴。

冰冻三尺，非一日之寒

追求成功是每个人的愿望，"求成心理"就成了人们做事的基本心理。每个人做一件事都不是为了失败，都是为了能有所收获，如果这收获来得比别人快、来得比别人多、来得比别人轻松，那就更让人高兴。于是，有人为了成功做着充足、扎实的准备，有人在准备的同时找捷径甚至钻空子，他们都想到达目的地，最好第一个到达。

两相比较，前者在短时期内往往吃亏，他们通过几年的时间准备，也许不如后者的一次走后门。但是把目光放长远，再过几年，那些经过精心准备的人，一步一个脚印，踏踏实实地到达了自己的位置，而那些省略努力过程、直接坐上去的人，常常觉得屁股下的座位摇摇晃晃，总觉得不踏实，坐不稳，一点风吹草动，就让他们产生失败的预感。

人的失败有时来自求成心理，因为成功的愿望太过迫切，按部就班就变成了一种煎熬。成语"揠苗助长"中的农人，想要禾苗赶快长高，干脆将每一根拔高几厘米，这种努力只会让梦想以更快的速度化为泡影，那短暂的繁荣景象是泡影前的最后安慰。急于求成造成过很多悲剧，但是，很多人还是很难抗拒"速成"的诱惑。

古时候，有个青年拜后羿为师学习射箭，青年很刻苦，想要成为超越后羿的神射手。但年轻人难免急躁，他总是问后羿："师父，我射得如何？有没有进步？"后羿是位温和的长者，每次都鼓励他："有进步，但是还要努力。"

青年人心急，有一天对后羿说："师父，你告诉我，要成为你这样的神射手，需要多少年？"后羿说："十年！"

青年说："十年太久了，如果我每天加倍苦练，需要多久？""八年。"

青年更急了："师父，如果我把吃饭睡觉的时间也拿来练箭，是不是五年就行了？"

"不，"后羿说，"那样的话你成不了神射手，因为没几天你就累死了。"

急性子的人最大的缺点就是急于求成，他们做什么事都喜欢发扬"更高、更快、更强"的精神，恨不得脚踏风火轮，从起点直接冲到目的地。但是，人生不是百米赛跑，而是翻山越岭的长途旅程，太过焦急只会让自己在中途迷路或累倒。想做一件事不能太着急，要注意劳逸结合，才能获得最好的效果。

急于求成的另一种形式就是走捷径。有的人善于动脑，找到更好的方法倒也不失为一种成功；多数人没有这种头脑，只会耍小聪明、走后门、搞关系，靠着这些歪门邪道达到目的，还认为自己做得漂亮，比那些埋头苦干的"傻瓜"高明。其实他们才是真正的愚人，能力没得到，名声没得到，得到的只有一点短期利益，根本当不了长久的饭碗。所以，急于求成的人应该依照以下的建议改改自己的性格：

1. 不要盲目乐观

想要急于求成的人，对自己往往很有信心，他们看到了目标，相信自己有能力比别人做得更快更好。但在多数时候，这种自信有很大的盲目性，性子急的人看事情不全面，他们往往只看到表面现象，他们还特别喜欢看那些对自己有利的部分，并把这一部分当作事情的全部。有了这种判断，急于求成的心态也就顺理成章地产生了。

盲目乐观让人忽视实际，甚至不会制订长远的、周密的计划就开始行动。过程中遇到困难，起初仍会维持自信，认为困难是暂时的，没过多久，发现困难是长久的，甚至是牢不可破的，于是焦头烂额地补救。但是，前期准备太草率，补救也不可能到位，失败便成了必然。

2. 不要偷工减料

喜欢动歪脑筋的人，把偷工减料当作成事的必备途径，他们会振振有词地说："我虽然少做了一些事，但并不影响大局，也不会影响最后的结果，让自己轻松一点有什么不对？"但是，每件事都有每件事的组成和步骤，你少做一点，它就不完整。起初，你不懂防微杜渐，少添的是一块砖瓦，慢慢地，就变成了整个楼层的质量隐忧，最后，你的楼房成了豆腐渣工程，这就是偷工减料的直接后果。

3. 不要认为自己比别人聪明

因为焦急，所以浮躁。急于求成的人有一种"必胜心态"，他们认为自己的能力比别人强很多，自己的眼光比别人好很多，自己做事比别人高明很多，所以，他们对成功的渴望也比别人更加迫切，这就表现在别人还在做外围侦察时，他们已经单枪匹马去冲锋；别人在勾画撤退路线时，他们已经被敌人围困；别人终于准备充足，信心满满地开始叫阵，他们已经成了俘虏。按部就班地做事看似笨，其实却是稳扎稳打。而自以为是的聪明只会更快地招致失败。

4. 不要渴望天上掉馅饼

着急到一定程度，就开始幻想自己有非常好的运气，有些人希望兔子自己撞在树桩上、希望彩票能中500万、希望自己梦到考试答案……当人们已经急切到做白日梦的程度，只能从侧面反映出他们什么都没有准备。渴望天上的馅饼其实是一种不劳而获的心理，这样的人希望省略掉一切努力，直接享受成果。但是，吃粮的人也许不需要种地，但要支付钞票，世界上哪有不要钱的午餐？

做事不疾不徐，把计划与一定的步调结合，就是一种城府。欲速则不达，任何优秀的素质都是长期储备、长期修炼的结果。没有积蓄过的力量无法爆发，没有蛰伏过的树木无法发芽，当你满怀雄心壮志，想要做出一番事业时，首先要想到的是如何做好准备。有时候，储备期越漫长、越周详，就越是不怕困难，成功越能手到擒来。

转角遇见光明

有些人认为生活很机械,甚至可以归纳为两点一线或几点一线,没有什么惊喜,也不会有什么危险,多数人就在这种温开水似的环境中蛰伏着。就像水里的青蛙,察觉不出水温的变化,也没有迎接变化的能力,一旦水温逐渐升高,它们只能眼睁睁等死,做不出抵抗,或者直接放弃了抵抗,接受"命运"。

生活并不是一成不变的,相反,它充满变数,每一分钟都有可能发生转折,彻底更改自己的未来,只要这转折不能结束自己的生命,他们就愿意用镇定的心态去接受。转折难免带来危机和阵痛,要不断提醒自己挺过去,再坚持一下。虽然不是超人,但只是因为心中始终有强大的生存意识,这种意识促使我们在任何时候都不会轻易服输。

美国一家电视台曾经录制了一期别开生面的谈话节目,导演请来一些特殊的客人对观众讲述他们的经历。这些客人之所以特殊,是因为他们都有遇险的经验,有些人在沙漠中迷路十几天最后获救;有人在地震时被困在乱石中,在快渴死的时候被解救;还有人遭遇过海啸、泥石流等灾害。导演相信这是一期有益的节目。

节目时间只有45分钟,但似乎足够了。这些劫后余生的人的经验几乎是一致的：面对灾难，最重要的就是意志力，反复告诉自己再坚持一下。能挺到最后，就有生存的希望。即使人们不相信奇迹，奇迹却总是在那些求生欲强烈的人面前出现。

什么是转机？转机不可预测，却切实存在于每个奋斗者的奋斗过程中，曾经濒临绝境的人、有过绝处逢生经验的人，比旁人更相信转机会出现。在他们眼里，转机并不是一种运气，而是一种坚持，对生命的坚持、对生活的坚持。在困难的时候，相信转机会出现，能够让人们变得坚强，而坚强又能反过来支撑人们继续坚持。

坚强既是一种品格，也是一种精神暗示，足够的坚强能使自己相信希望，并凭借这种信念将事情向好的方向引导，成为一种积极力量。挺得住、扛得住的人，才能够走到最后、做到最后，而那些半途而废的人，命运则会显出残酷的一面。那么，如何在逆境中保持坚强？

1. 多给自己积极的心理暗示

在同种情况下，从概率来看，每个人的机会都是差不多均等的。但是，积极的人总能比消极的人获得更多机会，因为积极的人总在用眼睛寻找可能的出口，而消极的人处在放弃状态，即使机会正从他们身边经过，他们也视而不见。

所以，能够给自己积极暗示的人往往有更多的胜算，因为心态是向上的，自然就多出了对抗困难的勇气和挑战困境的活力。即使暂时的失败也不能让人灰心，一份如"没问题"、"很快就会好转"的暗示，会让人有更多精神撑下去。

2. 想想自己能够做什么

在紧急情况下，只要不被恐惧完全击倒，每个人都想做点什么，不过要有思考做前提，不能手忙脚乱、胡乱行动，否则找到的也许不是转机，而是另一次危机。只有冷静分析才能做出冷静判断，然后要做的事也不同。

最简单的方法是把自己能做的事在心中列出清单，逐一分析可能性，最重要的是分析你去做之后的结果，会不会给自己的处境带来好转？如果你想到了什么能够改变现状的事，就应该立刻去做，任何努力都好过无所作为。

3. 耐心等待，不消耗任何精力

在努力中，还有一种情况需要注意，就是当你发现所有努力都不如原地等待，这时等待就是最有意义的作为。不要认为行动都是有效的，如果你的任何行动都不能改变现状，只会增加自己的危险和困难，这种无用功没有任何意义，不值得提倡。

想要等待转机到来，就绝对不能给自己添乱。要明白保存实力的重要性，不要在机会到来之前倒下，是你能给自己的最大保护。想要挺得更久，更要积蓄实力和资本，既要考虑下一秒转机会出现，又要保证下一秒转机不出现，你还能继续撑下去。

"挺住"作为一句口号，有激动人心的力量，一旦付诸行动，中间的辛苦只有自己知道。不管出现什么样的危机，都要抱定一种态度：撑下去。由此消除不必要的忧虑，耐心寻找机会，等待机遇。换言之，转机就是精诚所至，金石为开。

为自己创造东风

在生活中，我们常常听到"心想事成"这句祝福，也衷心希望一切事情都能像我们心里想的那样一帆风顺。很多时候，我们不是梦想天上掉馅饼，而是万事俱备，只欠东风，付出了大量的辛苦与汗水，就等待着事情向好的方向发展。但事实往往不符合我们的想象，事与愿违的事比比皆是，我们为此焦急忧虑，却毫无办法改变现状。不是我们做得不够，而是时机也是成功的重要条件，面对这种情况，只能说一句无奈，感叹自己运气不够好。

即使是足智多谋的诸葛亮，头脑里有很多锦囊妙计，也不能预料到所有发生的事，也会有失败的时候。人生有一定的局限性，有智慧的人会遇到用智慧无法解决的情况，譬如秀才遇到兵；有体力的人会遇到体力无法胜任的情况，譬如散兵遇到有谋略的大将；就算一切顺利，事业有成，我们也要遭遇生老病死，这时候，智慧、地位、金钱都不能让我们快乐。

成熟就是敢于承认这样的事实：没有人能够掌控一切，所以我们要学会顺其自然地生活。顺其自然不是逆来顺受，而是适应环境，在环境中寻找转机、寻找出口，再走出自己的路。如果没有这种心态，只能对着不如意的现状干着急，让自己越来越郁闷，却更加没办法看清事情的本来面貌。想要掌控事情，先要顺应形势，而不是还未了解就急着改变。

一只蜜蜂风风火火地飞在花丛中，路过的蜻蜓说："喂，你整天忙着采蜜，一分钟也不歇着，不累吗？快休息一下，跟我一起聊聊天吧。"

"我哪有那么多时间！"蜜蜂头也不回地说，"你看，这个花园里有这么多的花，而且它们还在不停地开，我一刻不停地采也采不完，怎么能休息呢！"

"可是，就算你再着急，以你自己的力量也不能采完所有花朵的花蜜啊。如果你不休息一下，你很快就会累倒，到时候，你再也不能采蜜了。"蜻蜓劝说。

"如果我休息，我采的蜜就会减少，怎么能休息呢？"蜜蜂说着，继续飞向下一朵花。蜻蜓叹气说："我平时也要捉虫子，但是，如果我想抓所有的虫子，非累死不可。一天到晚急急忙忙，生活还有什么意思呢？"说罢摇摇头飞走了。

蜜蜂认为它生活的意义就在于采花蜜，它一刻不停地采蜜，急匆匆地飞来飞去，总是认为时间不够用。现代人也总觉得时间不够用，他们忙着赚钱、忙着充电、忙着社交，他们的日程表越来越满，事情永远也做不完，甚至只会增加，不会减少。但是如果让他们关掉手机，放松休息一天，事情其实没有增多，效率反倒有所提高。

一张一弛，文武之道，急匆匆地生活固然给我们带来一定的好处，却也给我们留下了心理上巨大的压迫感。现代人常常觉得自己不敢放慢脚步，一旦放慢就会被别人追上、赶超。在人生的道路上，需要漫步、长跑、冲刺交替进行，如果什么事都要冲刺，只会累垮自己。有些时候，我们需要参看下面的方法，学会顺其自然：

1. 学会预测事物的结果

有城府的人有一个区别于常人的特点，就是"一切尽在把握"，一件事在做的时候，他们似乎就知道结果，于是成功了不会见他们欣喜若狂，失败了也不会看到他们垂头丧气。

对于有城府的人来说，万事皆有可能，周全的计划和步骤不一定换来成功的结果，他们能够接受失败，不是因为有预测能力，而是有重新开始的魄力和心胸。如果每个人都学会预测事物的结果，即使没能达到目的，至少能在很大程度上避免损失。而且，学会预测一个行动可能带来的结果，本身就是对思辨能力的一种锻炼。

2. 承认自己的付出和努力，不要强求

人生道路上，挫折和打击在所难免，事情的结果也不是我们能够控制的，这个时候，如果一味地惋惜自己付出的时间和精力，认为自己浪费了宝贵的青春，本身就是对生命的另一种浪费。失败固然让人沮丧，但它给了人珍贵的经验和丰富的回忆。

与其为失败焦急，不如坦然承认它。承认它的同时，也认可了自己曾经的努力——尽管努力的方向不对，或努力得不够，但这是对自己的一种尊重。成熟的人追求结果，却不强求结果，在他们身上有一种大度之美，我们称为境界。

3. 不要整天和他人比较

有些人的焦急来自于比较，本来觉得自己不错，一旦和人对比，就发现自己引以为傲的优点，别人身上也有；自己能够做到的事，别人能做得更好。当差距真实地摆在眼前，想不着急都难，这时候就不再有轻松的心态，而是铆足力气忙着赶超。

但是，人与人素质不同、能力有差异、境遇有好坏，这就造成了有些人在某一方面看似比他人优秀，如果你一一比过去，只会让自己活得更累、更不自在，甚至变成一种自我折磨。我们应该尽量避免为别人的事而影响自己的心情，否则只能被别人牵着走，更加无法掌控生活。

我们应该控制自己的脾气，因为生活并不是我们想象的那么完美，现实往往不尽如人意。焦急和焦虑是每个人都曾产生过的情绪，它们极大地影响了自己和他人的心情，也让办事效率大打折扣。特别是在紧急关头，我们不论有多急的脾气，也要冷静思考，让自己在困境中能够抽丝剥茧，看清事情的眉目，寻找一线生机。有定力的人在任何时候都能站住脚跟，在困难面前定得住，才能顶得住，才有可能成为最后的赢家。

第四章
一任风吹过，闲似白云飘

委屈痛苦就像沙粒，但经过磨砺，却可以变成美丽的珍珠。
打开心情，接受生活的磨砺，阳光自然就会照射到你身上。

甘甜的果实，需要忍耐

在中国的文字中，"忍"是一个很形象也很有寓意的字。人们常说，心字头上一把刀，是为忍。人有七情六欲，忍并不是一种好受的滋味，有时候能让你感觉像是万箭穿心，有时候让你像热锅上的蚂蚁团团转。当你觉得全身的怒火聚集在心口，急于发泄，但却能硬生生地将它压下去，继续以冷静的态度面对一切，这时候，你已经成为一个心理上的强者。

有耐性的人有强大的后劲。我们都知道"卧薪尝胆"这个故事，勾践用十年时间励精图治，打败仇敌，就是对"忍"字的最佳解释。不懂得忍耐的人只能依靠一时的实力和运气做事，只有那些懂得克制的人才能知道什么是委曲求全，什么是谋定后动，他们甚至能够忍受许多常人无法忍耐的折磨。

如果你说成功有意识，自己能够选择，它们会选择那些冲动的人，还是那些付出耐心和辛苦、坚持到最后的人？

忍耐是现代人必须修炼的品性之一。有忍耐力的人多数时候并不强硬，甚至有"随波逐流"的嫌疑，但那正是忍耐的体现。在山顶上，树木常常被狂风吹得七扭八歪，无法生长，而野草随着风向摇摆，一年比一年茂盛，这就是忍耐的力量。在忍耐中，小的能够变成大的，弱的能够变成强的，沉默的可以爆发，强者都是在忍耐中成长起来的。

非洲草原上，两只狮子常年争地盘，水草肥美的地方羚羊就多，狮子的口粮自然也就变多。两只狮子的战争因一只狮子被咬死而宣告结束，活下来的狮子霸占了最好的地盘，还常常恐吓另一只狮子的遗孀和儿女，小狮子们就在它的威胁下战战兢兢地成长。小狮子们的妈妈常对小狮子说："不要去招惹我们的敌人，等你们长大了，有力量了，再去反抗它。"

小狮子们牢记妈妈的话，去遥远的地方寻找食物、锻炼体魄，发誓定有一天为父亲报仇。那只胜利的狮子起初还记得它们，后来见它们窝窝囊囊，就不留意它们了。几年后，那只胜利的狮子偶尔看到几只小狮子长得壮硕威猛，不禁心惊胆战，害怕它们寻仇报复，便远远地逃离了这片草原。

事物的发展遵循着一定的过程，人生的起伏也是如此，有辉煌就有屈辱，就像故事中的小狮子，几乎是在屈辱中偷生长大。不可否认的是，屈辱给了它们更多的毅力和耐性，也让它们比一般狮子更坚韧，它们的生活目的比任何同类都明确，成长的过程虽曲折，却得到了更加强大的体魄和不容小觑的气势,可见,压力能够转化为动力。

想要当一个强者,先要有强者的耐性,生活并非一帆风顺,对于那些想要出人头地的人,生活常常是屈辱和挫折的综合体,为了更好地学习技术,他们遭到过很多的白眼;为了更好地磨炼自己,他们敢于忍受常人无法忍受的东西。磨炼自己的韧性,愤怒的时候最需要忍耐,受辱的时候,应该这样告诉自己:

1. 不必恐惧他人一时的强大

在生活中,恃强凌弱的事时有发生,我们难免要做一两回"弱者",觉得自己被欺负,却还没有能力反击,感觉自尊扫地。这个时候要告诉自己来日方长,当一个人开始恃强凌弱时,他就已经出现了衰败的信号,他目空一切,你埋头努力;他锐气毕露,你避开锋芒;他为自己的力量扬扬自得,你趁他麻痹大意的时候壮大自己。君子报仇十年不晚,再过几年,你就会发现曾经的"强"不过尔尔,以前认为的山峰已经变成了脚下的土丘。

2. 不要为他人的虚张声势自乱阵脚

有些人专门喜欢虚张声势,吓唬别人,其实他们色厉内荏,没什么实力,他们靠的就是他人不想惹事的畏惧心理。对付这种无赖,首先要调整自己的心理,调查他们的底细,不要怕他们;其次就是多一事不如少一事,如果不是必要,不要和无赖耗时间,在小事上宁可吃点亏。总之要记住,不论何时都不能自乱阵脚,自己吓唬自己。

3. 不要停下自己的步调

来自外界的干扰再强大,也不要停下自己的步调,这是做人做事的根本。有时候外界的压力让你觉得委屈、觉得愤怒、觉得不公正,要相信这都是人生路上必经的事，每个人都难以避免，弱者会悲观叹气，强者则等闲视之。而且根据古往今来的经验，人们的压力往往和成就成正比，扛得住多大的压力，就能取得多大的成就。

4. 有目的，更要有计划

一切忍耐都是为了实现自己的目的，如果失去目的，忍耐就成了懦弱。这个目的可以很大，例如人生理想；也可以很小，例如得到一个更好的机会。当然，光有目的是不够的，目的只能让你坚定自己的态度，不能直接给你收获。有了目的还要有计划，要在重压之下计算出空间让自己发展，确定下一个步骤，确定下一个阶段自己要到什么位置。强者都在有计划地变强，而不是一夜长大。

真正的成熟不在于你能说出多有智慧或者多有哲理的话，而在于困难切实摆在眼前的时候，你能不能拿出一个解决方案；在于屈辱压到肩膀的时候，你能不能为了长远打算而暂时忍耐。只有懂得忍耐的人才称得上是真正的强者，坚持下去，你就会迎来扬眉吐气的那一天。

低到土里，始闻花香

在生活中，当形势逼人的时候，不得不放低身段，以适应竞争、谋取生存。更多的时候，为了更好地接触他人，成熟的人会主动放低姿态，他们的低姿态不是屈尊降贵，而是一种发自内心的平等意识和谦卑态度，这会让人觉得他们温柔大方、进退有度，很容易让人产生好感。

谦虚低调也是一种"屈"，表现为做人的低姿态。低姿态并不是一件丢脸的事，低姿态也不是低人一等，委屈自己迎合别人，而是在最大限度内求同存异，尊重他人的意愿和性格。而且，低姿态可以给人带来实际的好处，他人的尊重自不必说，对于那些谦虚低调的人，人们更愿意提供有益处的指点和帮助，让他们做事更加顺利。低姿态的人不容易得罪别人，这就让他们能够良好地与人相处，低姿态也就成为事业的助力，而不是成功的阻力。

低姿态也不是一件容易的事，因为是人都有傲气，有实力的人更是如此。想要始终保持谦虚，就要明白自己的缺点，承认自己的不足，随时有一种接受别人的建议、虚怀若谷的心态，不够谦虚的人不懂什么是低姿态，他们即使低头，神气上也带着不服气；不够宽容的人也不懂低姿态，他们即使让步，也会带着"我这是在让着你"的鄙夷眼神，让人倍加生气。

一个学徒跟师父学习四书五经，他总是幻想自己能一步登天，早日金榜题名。这个小学徒的确聪明,别人读好多遍才能背下来的文章,他能过目不忘。七岁的时候,他就能自己写诗。而且,小学徒多才多艺,画画也不错,他的书法能让名家惊叹。

小学徒的师父是个饱学的大儒,他很喜欢自己的小弟子,期望有天他能够功成名就。可是,师父发现这个小弟子有点浮躁,也许是年少成名的缘故,他常常看不起那些读书人,认为他们都是死脑筋。师父对小弟子说:"我问你,如果你想要一粒种子开花,第一件事要做什么?"

"当然是把它种到地里!"弟子说。

"那么,就按照你说的,先把你自己种到地里,不要还没开花,就已经失去根基。"师父教导他说。小学徒很聪明,立刻明白了师父的意思,从此以后,果然变得虚心肯学。

种子之所以能够开花,是因为它们愿意将自己埋在土中。有时,低姿态表现为谦虚的态度。承认自己弱小,愿意接受更多的锻炼,并自发地向有经验的人学习,这都是成长必经的过程。浮躁的人很难谦虚,也很难有大成就,而那些对事业带着敬畏之心、对长者带着尊敬之情的人,能够得到的不只是指导,还有尊敬。

低姿态有时还表现为自己对待错误的态度,敢不敢承认自己犯了错误、愿不愿意正视错误的后果、能不能检讨自己的不足,都是谦虚与否的表现。错误并不可怕,可怕的是拒不承认、死不悔改,这种人总让人觉得遗憾。那么,在生活中,我们应该如何理解低姿态?

1. 低姿态不是没有尊严

很多人对"低姿态"有一种误解,认为放低姿态就是自己承认低人一等,有伤自尊。太过在乎别人评价的人，难免怕做出低姿态的时候丢了面子，但那些心胸开阔的低调者总是愿意俯就别人，让别人称心一些，这不是没有尊严，是对别人的照顾。

低姿态是什么？低姿态与"屈状态"不同，"屈状态"是有意识、有目的地改变甚至委屈自己，以此达成目标。而低姿态只是一种谦虚低调的态度，这种态度只是对自己、对他人的双重尊重。相反，那些总认为自己高人一等的人，才需要多多检讨。

2. 学会认输

低姿态的人有一个特点：输得起。当失败的时候，他们会痛快地认输，向对手表示祝贺，这是一种成熟者才有的风度，也是有城府的人才能做出的举动。

认输，代表的是对别人付出的尊重、对别人能力的肯定。认输，不代表从此屈服，而只是一个阶段的结果。在认输之后，因为没有心头负担，反倒能够更冷静地分析对手的优点，弥补自己的不足。懂得认输的人不但会得到对手的敬重，还有更大的可能很快超越对手。

3. 学会称赞、欣赏别人的高明之处

每个人都有优点，低姿态的人之所以"低"，是因为他们看到了自己的不足之处，明白"不耻下问"，他们对一切人、一切事都一视同仁，只要对方身上有闪光点，他们就会称赞，就会学习。他们相信每个人都有比自己高明的地方，找到这些地方扩充自己，才是最重要的。人际交往对他们来说是一个学习的过程，而不是在别人身上寻找优越感。需要注意的是，低姿态的本质是尊重，不是迎合，不能人云亦云，无原则地赞同别人，如果你没有自己的见解，只会做别人的应声虫，即使你的姿态再低，也无法得到别人的尊重。

幸福始于解脱

很多人都在痛苦，为了痛苦失眠压抑、自暴自弃，看不到生活的乐趣。导致痛苦产生的原因千差万别，那么导致痛苦产生的根本原因究竟是什么？如果我们仔细思考，就会发现每一段痛苦都对应着一份执念，痛苦的感觉大多不是来自于外界，而是内心对自己的暗示，对那些自己期待过、拥有过的东西，人们放不下，也不愿意放下。

人们的执着也分几个类别，有人为自己的理想执着，一旦理想不能实现，他们就会失魂落魄，完全失去生存动力；有人为情感执着，一旦想要的感情不能属于自己，就会长时间沉浸在苦闷中，不得解脱；有人为意外打击执着，无法相信事实，不愿接受事实，只能被事实压得喘不过气……太过执着造成的痛苦，不论旁人如何劝解，也不能释然，只能让这痛苦一直拖着，只因心中不能放下某个理想、某段情感、某个让自己伤心的事实。

小玉考托福又失败了。

她已经不知道自己失败了多少次。从大学开始，她就想要出国留学，但每次都卡在托福成绩上。为此，小玉白天黑夜拼命背诵单词和例句，图书馆里每天都有小玉做卷子的身影。可是，辛勤的耕耘并没有换来预期的收获，也许小玉天生就不适合学外语，每一次她都过不了分数线。毕业后，她曾经参加过学习班，但还是不能改变失败的状况。

小玉为此深深痛苦，她不明白为什么别人考得很轻松，自己如此努力却一直过不了线。小玉的导师听说这件事后特意打电话给她，对她说："从大学的时候我就发现你并不适合出国学习，你对外国的语言有隔阂，但是，你的专业成绩非常好，在国内也会有好的发展，不要因为太执着而丢掉了更好的机会。"

小玉思考导师的话，仔细想想，大学四年，毕业一年，她除了学习就是为出国努力，但她的专业在国内更容易有发展，为什么自己一定要去国外？如果她不是这么想出国，她也会像其他同学那样找到前景好的工作，不会像现在这么不如意。想通了的小玉决定暂时放下考托福，先去找工作。工作一年后的小玉不但顺利通过了托福考试，还得到了一个公司外派的名额，她没想到自己放开了之后，成功会自己找过来。

痛苦源自执着，幸福始于**解脱**。故事中的小玉把自己从旧的思维中解脱出来，迎接她的是接踵而来的机会，这让她惊喜不已。其实生活就像这个故事，觉得自己没有机会、没有运气，是因为我们把自己限定在一个区域内，根本不去看其他的东西，世界这么大，如果非要站在不适合自己的角落里，难怪收获的只有痛苦，而那个适合自己的角落也许就在离自己不远的地方，等待你去发现。

痛苦的人"放不开"，懂得放弃的人，才能有新的机会。就像一个装满的背包，你把它放满令自己痛苦的东西，拿什么装快乐？如果觉得肩头负担太重，不妨考虑将背包里的东西一次性倒掉，寻找新的东西装进去。心灵也像这个背包，常常清理那些让自己痛苦的东西，学会放弃那些不切实际的执着，就会发现生命别有洞天。那么，如何转换思维、放下执念？

1. 换个目标

我们的目光常常锁定在已有的目标上，旁边的东西即使金光闪闪，也很难引起我们的注意，并且还会为这样的自己感到自豪，认为自己不被诱惑所动。可是，你有没有仔细想过也许那个目标才是诱惑？因为它是你放不下又得不到的东西。

如果明知道自己得不到，不如放下心中的不甘，干脆换一个目标，你怎么知道其他目标不如已知的这个？也许比你想要的好上一百倍，也许你得到后才会发现自己因为错误目标而耽误了很多时间。

2. 换条道路

有些人喜欢用直线思维，认定一条路就不想更改，因为改弦更张难免有毅力不够的嫌疑。但是，成功靠的不只是毅力，还有观察力和随机应变的能力，明知前方是死胡同，还要去撞一撞南墙，这不叫毅力，这叫傻。

面对痛苦也是如此，如果有一条路让你痛苦不堪，你就应该迅速地走另一条路，柳暗花明，也许你便走到了新的天地。即使走不到新天地，至少告别了令你悲伤的过去。

3. 尝试更多可能

人是主观动物，总是觉得自己执着的事物就是最好的，什么也比不了。谁也不能否认你想的是对的，不过，当你执着的事物不属于你，你是不是应该去试试其他事物，找一个更好的？生命有无限种可能，在死亡到来之前，你无法断定究竟什么东西能让你最幸福，至少你不应该和让你痛苦的事物一直纠缠不休。

雨天撑一把伞，容人容己

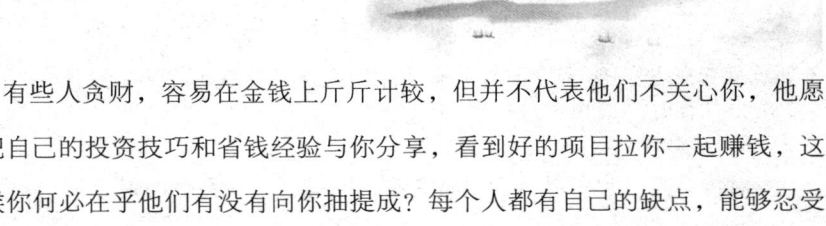

有些人贪财，容易在金钱上斤斤计较，但并不代表他们不关心你，他愿意把自己的投资技巧和省钱经验与你分享，看到好的项目拉你一起赚钱，这时候你何必在乎他们有没有向你抽提成？每个人都有自己的缺点，能够忍受朋友的缺点才能交到真正的朋友，否则，你去哪里找一个"完人"？更多的时候，我们需要在交往中主动吃亏，用忍让来包容朋友的小缺点。其实这也并不算吃亏，因为你包容别人的时候，别人也正在包容你。什么事情一旦看开，就无所谓亏不亏。

让自己"屈"一点，能够为人带来很多实际的好处，其中之一就是让你更易交到朋友。人都有趋利避害的天性，看到你是一个宽容大方的人，他人自然愿意接近你，这会给你带来更多的合作机会，也会让你结交各种性格的朋友。为人大方、行事大方，能给自己的事业和生活奠定牢固的基础。

在一个会议厅里，两家公司正在进行跨国谈判，中方公司希望签一个出口合同，日方公司出于实际考虑，总想提高价格，双方经理僵持不下，谁也不肯退步。

谈判进行到十几个小时时，中方经理再次提出自己心目中的价格，日方代表也再一次强调自己不能接受。日方翻译因劳累一时口误，翻译的时候竟然出现错误,把"不能接受",翻译为"可以接受"的意思。这个错误太大了,对中文略懂一二的日方代表立即绿了脸,中方代表也察觉到这个失误,但是,他并没有抓住这个漏洞压价,而是很风度地再次说出自己提的价格,让日方考虑。

一场虚惊,日方代表对中方代表刮目相看,主动降了一部分价格,中方代表也做了让步,最后,签出了最满意的合同,也奠定了今后的长期合作。

有时候,吃亏也可以成为一种武器,以最直观的行动向对方展示自己的诚意。就像故事中的中方经理,他没有抓着对方的疏忽大做文章,显示了心胸的磊落,更显示出合作的诚意。日方代表敬重这样的人格,更会把这样的人格扩展到整个企业,认为值得投入。

在人与人的交往中,每个人都很怕自己吃亏,这个时候,愿意吃亏的人就显得格外可贵。愿意吃亏,代表你愿意容忍他人,愿意给他人行方便,这让他人对你更放心,也更愿意与你相处,找你合作。同样的事,为什么不去找一个懂得为别人着想、可以自己吃一点亏的实心人呢?在生活中,你可以考虑在以下的方面"吃亏":

1. 不要拿自己的优点比朋友的缺点

也许你是个很优秀的人,也许你在某一方面很突出,受到众人夸奖。这个时候,不要对朋友显露优势,不要摆出过来人的架势指导他,更不要无限制地吹嘘自己,尽管你没有贬低他人的意思,却在实际上贬低了别人。

改变这种以自我为中心的心态似乎是一种心理上的吃亏,但只要想到别人的感受,这个亏就吃得很有价值。把抬高自己变为抬高他人,拿自己的缺点比朋友的优点,朋友会更有自信,你也会更能正视自己的不足。

2. 不要为小事和朋友斤斤计较

有些人锱铢必较，经常在小事上和朋友发生争吵，不肯吃一点哪怕是口头上的亏，虽然得到一时的痛快，却换来对方"刻薄"、"小气"的评价。如果朋友犯了些无关紧要的小错误，也不要说个没完，揪住对方不放，让对方长久沉浸在不愉快的感觉中。

人与人之间的感情不是菜市场，可以讨价还价，斤斤计较的人得到的只能是经过别人称量过的有限的感情，每个人都怕自己吃亏，你如此，别人也会这样，只有首先摆正自己的心态，才能要求别人宽容。

3. 在利益问题上，要有双赢意识

感情上的事即使吃亏，也在可以控制、可以承受的范围之内，何况感情深到一定程度，就无法用"吃亏"或"占便宜"来计算。在生活中，我们最常面对的是与他人的利益关系。每个人都有逐利性，不是寸步不让就能得到最大利益，从长远来看，双赢才是最稳定的合作关系。想要双赢，首先要做的就是让自己吃一点亏。有双赢意识的人会用一小步的吃亏换取更大的利益，没有这种意识的人，只会盯着蝇头小利，看不到长远的东西。

需要注意的是，你可以为某段友谊、某些目的、某个原则吃亏，但不能犯傻，更不能被别人算计还不自知。有城府的人高明之处在于，即使吃亏，他也吃得明明白白，不会做冤大头。他亏了自己，却交到了朋友。难怪人们说有的时候，吃亏就是占便宜。

痛苦的沙粒，也能磨砺成美丽的珍珠

想要得到鲜花和掌声，先要经过无数的等待，在等待的过程中，升华的经验成为能力。当一个人懂得调整心态、直面生活、运筹帷幄的那一刻，我们不难发现在不知不觉之间，我们已具备了诸多优势，其中包括抵抗痛苦的心理素质。

在人生旅途中，痛苦是每个人最不愿面对却无法回避的东西。痛苦的时候，觉得自己是世界上最不幸的人，做什么事都提不起精神，甚至明明知道做一些事就能减缓痛苦，也颓废得不想去做。痛苦使人们恨不得脱离自己的肉体，找个安静的地方不再想任何事。用成语形容痛苦莫过于"肝肠寸断"，痛苦是疼痛的、缓慢的、不间断的，让人失去理智。

很多事情能使我们心痛，最让人心痛的莫过于"失去"和"得不到"，有些事情我们绞尽脑汁、费尽心力地争取，结果仍然是失败。看着胜利者的笑脸，心中的失落、羡慕、忌妒、不甘一齐涌上来；而曾经拥有的东西一旦不再为自己所有，心中的悔恨、怀念、遗憾也让人备感折磨，更让人难受的是，痛苦一旦成了定局，多数情况下很难改变。

想要改变痛苦的状况，只能从自己的心态上着手，而不是对无法逆转的现实做无用功。即使肝肠寸断，也要懂得一时失去的并不是生命的全部，那些被你视为生命意义的东西，在其他方面也可以弥补。失之东隅，收之桑榆，有时新的收获就在痛苦旁边出现，如果你一直盯着痛苦不愿解脱，你也就失去了更多获得快乐的机会。

曾加和曾怡是一对感情非常好的姐妹，曾怡小曾加两岁，从小就依赖姐姐，姐姐曾加性格温柔，什么事都照顾妹妹，妹妹有时候要小脾气，她也都让着妹妹。姐妹俩同一个小学、初中、高中，妹妹高考的时候，填的学校都在姐姐大学所在的城市，她们如愿以偿地又生活在一起。即使后来有了各自的生活，也要每个礼拜聚在一起。

然而，一次突来的车祸夺去了姐姐曾加的生命，曾怡觉得天塌了下来，她每天沉浸在对姐姐的回忆中，她觉得世界上和自己最亲的人消失了。整整一年的时间，她每天都在流泪，工作结束就把自己关在屋子里不肯出来。当周围的人渐渐恢复了生活，只有曾怡依然沉浸在姐姐去世的阴影中，无论如何也不能接受事实。

直到有一天，曾怡发现自己的妈妈变得满头白发，她悲伤地说："妈妈，自从姐姐走了，你变老了。"妈妈说："我变老不是因为你姐姐，而是因为你每天都这么难过。你姐姐走了，我伤心，但我知道自己还有一个女儿需要关心，而你却忘记了自己还有其他亲人。"曾怡这才明白一直沉浸在个人的感伤中是对亲人们的双重伤害，她决定努力走出阴影。

亲人去世是一种剜心之痛，特别是与自己有深厚血缘，曾朝夕相处的那些亲人。故事中的曾怡为失去姐姐痛苦，在母亲的提醒下，才发现一直沉浸在痛苦中不会让情况好转，只会失去更多的东西，并且让更多的人因自己的痛苦而痛苦。把痛苦留在过去，才能更好地活在当下，否则只会把当下和未来一同拖进痛苦的深渊。

面对痛苦，人们也需要有一份城府，包括忍耐和正确的认识。对痛苦的忍耐不是冷血的表现，因为人生的目的并不单一，我们有许多责任需要承担，不能因为一份痛苦而将所有的责任搁浅，这是一种懦弱和逃避。如果我们能够忍住痛苦，让自己振作起来撑过去，回头再看过去，就会对痛苦有更深刻的认识。例如：

1. 每个人的人生都不圆满

人生有起有伏，没有人能够事事顺利，所有人的人生都不圆满。如果不能认清这是生命的常态，之后的人生会有更多的痛苦，到时候要如何面对？此时的痛苦就像一剂预防针，让你提前熟悉它的强度和影响，只有磨炼出足以对抗痛苦的心理，才能在未来的岁月以强大的精神状态经历种种不如意，保证自己不被现实击垮。从心理上接受人生的不圆满，也就能够明白痛苦的必然性，不会因为痛苦否定人生。

2. 不要因过去而耽误现在

痛苦的感觉虽然是现在时，但痛苦的缘由都在过去，换言之，人们多是在为过去痛苦。而对于将来的烦恼，现在就开始痛苦，未免有点太早。不论过去还是未来，人们能够把握的时间只有现在，即使痛苦挥散不开，也不要被压得失去竞争能力。不论什么原因，耽误现在都是一个错误，它会造成将来更多的痛苦。为了避免将来后悔，在痛苦的时候，也要完成那些该做的事，承担那些必须承担的责任。

3. 人生因痛苦而丰富

不论痛苦还是幸福，都是人生的宝贵经历，即使结果不尽如人意，那些让你付出过、努力过、欣慰过的事，都是不可多得的财富，让你从中得到的经验，比教科书上教导的要多得多，一个真正经历过痛苦的人，往往有旁人没有的勇气、魄力、能力，他们靠的就是与痛苦的不懈抗争。要相信所有痛苦都会过去，变为宝贵的回忆。

而且，天无绝人之路，有痛苦，也会有希望。痛苦中，人们仍然有不愿意放弃的信念，仍然有对生活的渴望，这种渴望可以激发人的潜能，让人变得坚强，甚至做到一些自己从不敢想的大事。痛苦是对人生的一种磨砺，如果每个人都能以这种想法对待痛苦，那么悲伤就不再是长久的阴影，而是成功的前奏。

滋味浓时，减三分让人尝

在与人相处中，"有理有节"，而不是"得理不饶人"。大多数人都有一种思维误区："这件事我占理，怕什么，为什么要让着别人？"的确，很多时候，"理"是在你这边，但有个词叫"情理"，理前面有个情字，如果你咄咄逼人，你固然占着"理"，却失掉了人与人之间的"情"，让人觉得你太过古板冷漠、不近人情。

占理的时候，更能体现一个人的涵养。如果一个人既有"理"，又能顾及"情"，就称得上两全其美。"情"包括很多方面，他人的心情是最重要的一方面，此外还需要考虑自己与对方的感情，如果你愿意为了"情"而让上三分"理"，实际上你并不吃亏，在他人眼里，你有胜利者的风度，也有为人的气度，这就需要你在自己"理直"的情况下不是"气壮"，而是忍耐、劝慰，有时候还要让上一小步。

在与人产生分歧的时候，屈，不是让自己顺从他人的意思，而是提醒自己更加理智，对他人更有礼貌。要知道，即使表面上"理"在你这边，但他人做的事未必就是错的，他也有自己的原因。所以，面对分歧的最好办法不是争个面红耳赤，而是换位思考，想想对方的立场和心情，尽量给对方发泄和圆场的余地。

左晓利年纪不大，却有很多朋友。朋友们的性格各不相同，有些人暴躁，有些人温柔，有些人自闭，有些人精明，左晓利跟他们都谈得来，他们也都尊敬左晓利。

不要以为左晓利喜欢讨好别人，认识他的人都知道他是个牛脾气，自己认定的事从不改变，但他有个优点，就是愿意接受不同的看法。他常说："我说的是对的，别人说的也不一定是错的，每个人都有自己的看法，我认死理儿，但不强迫别人认我的理儿。"

也许因为这种个性，左晓利很少与人发生争执，他会理智地听对方的意见，全面分析，并提出自己的观点。他从不强迫他人接受什么，他人却总能从他这里得到一些有益的启示。随着年岁的增长，左晓利也开始改变自己的固执，按照他人的意见修正自己，老朋友们都说："左晓利以前是有胸襟，现在是有城府。"

遇到冲突应和人讲道理，更重要的是，当对方明显理屈的时候，应点到为止，不要让人下不来台。故事中的左晓利就是这样一个人，他能够在得理的时候"让"理，凡事都能体谅别人，给人留面子，这就保证了人们对他的喜爱和尊重，让更多的人愿意和他成为朋友。

俗话说"有理不在声高"，当你的确有道理的时候，不需要一再提醒别人，也不必非要指出别人的错误，让那个人承认自己失败，有基本判断力的人就能看到自己的错误，连基本判断力都没有的人，说了也是浪费时间。就算你正在为某件事愤怒，也不妨让上三分理，这样才能更快地解决问题。得饶人处且饶人，什么时候你应该"饶人"？

1. 自己风光的时候，不妨把面子留给别人

每个人都有风光的时候，这个时候，对待那些失败的竞争者，需要讲究策略。自己风光没必要把别人踩在脚下，多说说自己的缺点、夸夸他人的优点，就是给他人留了充足的面子。

特别是在有激烈争执，结果又是你获胜的时候，你不把面子留给对方，对方就会自己来讨回面子，已经结束的争论也会因此再度展开。就算下一次你仍然占理、仍然胜利，你真的愿意为同一件事浪费两次精力？不如一开始就把理揽在自己手里，把台阶放到别人脚下，你往高处走，别人就算比你低，也会对你心怀感激。

2. 自己占理的时候，不妨让人占点口头便宜

有时候，一次争论结束，对方和旁观的人都知道你占理，但是，普通人很难有立刻接受失败的心胸，他们常常唠叨两句，例如"我不是说不过你，我是懒得和你这种人吵架"。这时候你若继续和他争辩，甚至挖苦对方，对方就会加倍恼怒，然后争论就会升级，蔓延到各个方面，本来一次小小的争执，会变成两个人不可调和的矛盾。

自己占理的时候，不要去管别人的唠叨，那碍不着你的事，不去理会他

们的唠叨，不是你没有胆气，而是你具有胜利者的大度。

3. 不要挖空心思去改变他人，而是要转变思想接受他人

以为自己有"理"的人，总是希望得到他人的认同，并改变他人的"错误思想"，但他们总是发现这样一个事实：即使对方承认自己是对的，也不愿因此改变。想要改变别人的人，会发现自己徒劳无功，因别人太过顽固，从而产生挫败感。

"理"不是生活的全部，你的道理也不一定适用于别人。何况，你已经尝过了"屈"的滋味，为什么还要勉强别人呢？既然你能经受得起困难，为什么不去接受人与人之间的不同？特别是情绪激动的时候，为什么不把你在事业上的耐心拿出来，用在他人身上？真正的"理"早晚会被人承认，到时候，别人会感谢你曾经的宽容。

对待生活、对待事业、对待他人，有时候难免屈就屈从，也难免为这样的自己感到气愤，可是，我们可以合理地转化这种气愤，把它变为动力。其实，"屈"一些，不要给别人那么大的压力，也不要让自己显露太多锋芒，是一件好事，它能够保证你在隐蔽的状态中逐渐壮大，等到别人发现时，你已经成了一个强者，再也不必为外界所屈。

在生活中，每个人都有受委屈的经验。小委屈带来情绪上的波动，大委屈带来生活上的波折，有时人们为了实现自己的目标，不得不承受更多的愤怒，在重压之下默默积蓄自己的力量，以期有朝一日崭露头角。

承受委屈是一种克制。屈到愤极的时候，也要提醒自己一时地忍耐是为了长远地发展。想要利用环境、战胜环境，先要主动去适应它。在心理上修炼一种高调与自信，在行为上要保持低调和谦虚，你才能在不动声色之间跨越重重障碍，得到更多人的尊重，取得更多成就。

第五章
带着阳光上路，走到哪里都是晴天

> 如果你能付出一片绿叶，就能收获整个春天；如果你能容下一点瑕疵，就能得到一块美玉。生活不如意事十之八九，不要让情绪影响了你本该灿烂的笑容。

比天空更宽广的，是你的心胸

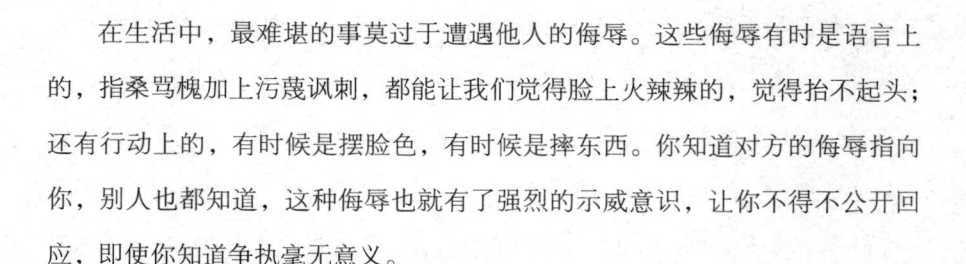

在生活中，最难堪的事莫过于遭遇他人的侮辱。这些侮辱有时是语言上的，指桑骂槐加上污蔑讽刺，都能让我们觉得脸上火辣辣的，觉得抬不起头；还有行动上的，有时候是摆脸色，有时候是摔东西。你知道对方的侮辱指向你，别人也都知道，这种侮辱也就有了强烈的示威意识，让你不得不公开回应，即使你知道争执毫无意义。

面对侮辱，最好的办法并不是争执，而是沉默。某位著名作家说："当你被毒蛇咬了一口，你不需要知道毒蛇为什么咬你，也不需要马上打死它解气，你最需要做的事是马上解毒。"同理，当有人侮辱你，你的第一反应不是侮辱他，也不是想他为什么侮辱自己，而是静下心来想想如何改变这种受辱的局势。不论你要向旁人解释，还是与对方言和，都是在你冷静之后，深思熟虑之后才能做的事。

如果面对侮辱立刻爆发，在多数情况下都会被当成过激行为，在沉默中观察一切，继而掌握一切。这种面对流言不言不语的个性和与之不符的成绩，使聪明的人们更容易成为他人侮辱的对象。何况，越往高处走，无来由的流言就越多，不明真相的人也越多，受辱的机会也会更多。如果不能在一开始练就好的心态，每天应付他人的恶意侮辱，就会耗掉所有的力气。

宋朝时，有一个叫吕端的官员，他才华出众，在年轻的时候就被任命为副宰相。这项任命引起满朝哗然，朝臣们都说："这么年轻能有什么才干？恐怕是靠拍马屁才当上副宰相的吧！"有时候吕端走在前面，后面就有人说这种话，吕端从不回头看一看。

几个好友为吕端抱不平，想要告诉吕端谁在造谣生事，可是吕端却劝他们不必如此，他说："我年纪轻，到这个职位难免有人说闲话，这也是人之常情，如果我不知道是谁说的，就能保证一颗平常心，知道的话，不但自己心里乱，看到他们也难免会怨怼，这样看来，还是不知道的好。"朋友们都赞叹："这真是'宰相肚里能撑船'！"

这件事很快传到朝廷上，人们都为吕端的心胸折服，从此再也不怀疑他。

判断一个人是否成熟，就看看他在受辱时有什么表现。一个小孩受到侮辱会大哭大闹，他没有能力替自己讨回公道，只能以这种方法宣泄心中的不快；一个少年受到侮辱，会大打出手或针锋相对，一步都不会退让，对少年来说，尊严与面子比什么都重要；而一个有城府的人受到侮辱，他首先做的是保持沉默。

就像故事中的吕端，他并非不知道别人对他的评价，心中也未必没有委屈和愤怒，但是，他会冷静分析这种侮辱来自何方、有何目的，甚至对侮辱他的人抱有一定程度的理解。他知道解决问题必须抓住源头，处理问题也必须顾全大局，沉默，让他不必像小孩子一样大闹失态，也不必像少年人那样血气方刚，他有更多的时间证明自己的能力，也以实际行动证明了自己的心胸，得到了众人的尊敬和赞叹。那么，在受到侮辱的时候，如何妥善地沉默？

1. 分析自己受辱的原因

在生活中，说闲话的人不少，茶余饭后闲聊起来，说几句酸言冷语是人之常情，这种话称不上侮辱，也没有几个人会毫无缘由地侮辱另一个人。明白这一点，在受辱时首先要搞清楚的就是原因：究竟是侮辱者的素质有问题，还是自己处世出了问题？或者双方产生了误会？

把原因分析清楚，解决办法也就随之而来，多数时候，你需要以实际行动解释别人对你的误会，少数时候，你干脆沉默不发言，由时间证明一切——自己解释不清，日久见人心；他人无事生非，跟你接触久了，自然能看得明白。

2. 不是万不得已，不要轻易树立敌人

受辱的时候，沉默是上上策，既可以冷静头脑，想解决的办法，又避免因一时激动树立了敌人。侮辱你的人未必是你的仇敌，也可能是你未来的合作者，没必要当众撕破脸。表现出宽宏大量，对方自然就知道收敛，如果他无止境地找你麻烦，你也可以先礼后兵，不对他客气，这时候，舆论也会站在你这边支持你。

人与人的相处有时会产生仇恨，对待仇恨的最好办法就是宽容。一个人想要得到什么样的对待，就要先用这样的态度去对待别人，这是人与人之间交往的基础。对待矛盾更是如此，即使对方不讲道理，你也要先摆出自己的诚意再做打算。

3. 宰相肚里能撑船

宰相肚里能撑船不是一句场面话，而是做大事的人必须具备的素质，如何对待冒犯你的人、轻视你的人、对你有敌意的人，甚至是你的敌人，都反映了你能在多大程度上团结人心，让各种各样的人成为你事业和生活的助力。

宰相能够日理万机，是因为他们心里放下的事情多，自然也放得下有各种缺点的人。就算有人与你意见相左，你以开放的心态来对待他，未尝不是对你思想的一种补充，最后的受益人就是你自己。受到侮辱不可怕，可怕的是人的心胸只在意一时的荣辱，因小事耽误大事，把别人的侮辱变成了现实。

下雨时，打开心里的阳光

在社会上，人可以分为两种，一种是刚直的人，他们比较"硬"，原则性强，做出决定很少更改，做起事来一往无前，与人交往的时候也喜欢占据主导地位，命令支配别人；还有一种人是温和的人，他们行事很"软"，有些是因为聪明，所以会使手段，有些是因为个性不擅与人争执。扪心自问，多数的人愿意与"软"人交往，在生活上，他们没有那么多棱角，容易相处；在事业上，他们的手腕更适应局势，容易成功。

有些人为人信奉强硬态度，认为只要自己足够硬气，就没有人敢招惹。但是，真正有头脑的人从来不会硬碰硬，他们会以迂回的方式打败你。更有些阴险之徒，表面上逢迎你，背地里挖你墙脚，让你防不胜防。强硬有时甚至是一种鲁莽，因为他们一旦碰到更强硬的人，就会在一瞬间面临失败，无法挽救。

如果说人的性格可以像山一样坚硬，不可转移，那么有城府的人虽然有山一样的秉性，做事却如山间流动的泉水那样灵活曲折，他们看到困难不会冲上去，而是挨着边绕过去，照样可以到达目的地，甚至在这环绕的过程中将困难包围、消化。以硬为质，以柔取胜，这就是生存的智慧、为人的智慧。

一家公司正在召开新品设计会议，小胡和一位同事在一个产品细节上争执不下，同事提出产品的发动机应该使用 A 品牌，小胡却认为 B 品牌更加实惠可靠，而且自己从前与B厂商有过合作关系，也许能拿到更优惠的价格。同事不屑一顾地说："凭两年前的合作关系就能让他们降价吗？你还真天真。"小胡一怒之下说："好！我就让你看看能不能拿到优惠价！"

小胡开始为这件事奔波，他首先联系了熟悉的B厂商的销售员打探价位，一打听才知道，这两年原材料涨价，价格已经大大升高。小胡想要换个厂家，却发现自己想要的价格已经没有厂家能出产。想到这件事后自己会被同事嘲笑，小胡很后悔当时没能圆通一点，把话说得那么满，非要和人硬碰硬。

在这个故事中，小胡因为见解不同与人发生争执，因别人的一句话而怒火中烧，最后把不是自己的任务揽到身上，把本该不属于自己的失败归于自己名下。如果世界上有后悔药，小胡大概要买上一大罐全部灌下去——为什么要在会议上和人硬碰硬？为什么不圆通一点，既给同事留面子，又给自己减少麻烦？

人生的道路不是平顺的，太过有棱角的人不是被挡住，就是粉身碎骨，只有那些懂得把自己磨圆的人才能顺利通过。表面上看，这些人改变了自己的形状，实际上，他们并没有更改自己的本质，他们所做的一切只是为了走得更快、更顺利。而且，圆通不是狡猾，只要你的目的不是害人损人，圆通一点会给自己带来利益，给他人带来方便。因此，我们需要记住以下几点：

1. 不要硬碰硬，更不能以卵击石

每个人都希望自己是个有实力的人，在任何场合都能有底气。但是，底气不代表硬碰硬，你和别人对着干，就是在向别人表达你的优越感，表达你在这件事上自认比他人做得好，这种态度自然会激起别人的不服气，进而和你针锋相对。

当你真的很"硬"的时候，也许能占上风，但是强中自有强中手，你认为自己够硬，别人可能比你还硬，你和别人硬碰就是给自己找别扭，甚至会成为别人的笑柄。既然有实力和人硬干有欺负人的嫌疑，没实力和人硬干是在给自己丢脸，不如柔软一点、温和一些，在对人对事时采取和平主义态度。

2. 不违背原则的前提下，不妨顺着别人的意思

人与人之间有摩擦的根本原因，在于每个人对事情的想法不同，如果双方都能本着求同存异的态度，摩擦也可以转化为和平商谈。但是，在绝大多数情况下，每个人对事情的想法不同倒也罢了，最糟糕的是每个人都想改变别人的想法，让别人顺着自己的意思。

清楚了别人的心理，就不难分析出解决问题的方法。有时候不妨顺着别人的意思，只要那意思不危及其他人，顺着别人又能如何？减少了争执，也增进了了解，最重要的是，你只是对别人的意思表示尊重，并没有放弃自己的想法。在小问题上，你顺着别人一点，别人就会让你更顺一点。

3. 放低底线，不要动不动生气

很多人觉得发怒像是有一条底线，一旦触动，就再也按捺不住脾气。显然，这底线有高有低，太高的底线人人都会碰到，被触动的人就容易天天发脾气，形成暴躁的性格。而底线低一点的人，性格温和，不容易生气，大家都愿意和他相处，他自己也觉得日子很舒坦。

放低底线，不是放低原则，原则不能改变，底线却可以根据情况做出调整。对于那些无关紧要的事，可以不在愤怒范围；对于那些不明所以的人，可以不在生气范围。放低底线，就是调整自己的心理接受度，能够接受的事物多，脾气自然就会好很多，棱角也消失不少，做起事来更加顺利。最重要的是，与人心平气和、友好相处，好过整日和人磕磕碰碰、口角不断。

当你无法改变现状，不妨改变心情

我们都曾看到过这样一类人，他们有一些共同特点：他们往往有一些才能和成绩，但这些才能说不上出众，成绩更算不上成功，他们对自己的境遇充满不满，有些人满腹牢骚，有些人只偶尔说一句话，内容不是怀才不遇就是怨天尤人。他们有一个口头禅："真不公平。"他们忌妒那些比他们幸运的人，认为自己的"不幸"就是因为时机不对，他们认为别人都不如自己，而自己却被埋没……这类人就是人们常说的"愤世嫉俗"的人。

愤世嫉俗的人认为理想中的世界应该是公平的，他们总是在强调自己境遇的不幸，其实，这些情绪之所以产生，是因为他们生活得不够理想，将他们放在别人的位置，他们未必会做得更好。何况，他们中的大多数人并不具备"超凡脱俗"的圣人心态，他们的哀叹和抱怨反映出他们能力上的缺陷，即他们没有高超的解决问题的能力。

愤世嫉俗是成熟稳重的大敌，也是修炼性格时必须改正的毛病。既然不能当圣人，就要顺应世俗的规则，享受世俗的快乐。即使受到不公待遇，也不会悲愤欲绝，而是会加倍努力，争取下一次的成功。对于成熟的人来说，太阳是好的，想要阳光就要接受黑子的存在，只要心中装了理想，为理想努力，就不必凡事理想化。

有个孤儿从小聪明伶俐，孤儿院的老师都认为他将来会有出息，也都盼望他会被一个好人家收养。后来，一对大学教授收养了这个孩子，老师们都为他将来的出路高兴。

可是，这个孩子并没有像老师期望的那样成为一个有作为的人，而是成了一个收入很低的小学老师。他感到自己很不得志，常常借酒浇愁，埋怨自己生不逢时，从小就是个孤儿，养父母也没能给自己提供更好的条件，社会更没有给自己一展才华的机会。

孤儿院的老师听说了这件事不禁对人感叹："没想到他变得如此愤世嫉俗，可是他为什么不想想，当年他的养父母如果没能从几百个孤儿里挑中他，他会过什么样的生活？如果社会没有给他求学工作的机会，他还有没有时间发牢骚？愤世嫉俗不能解决问题，如果看不到自己的幸运，他只能一生都生活在不幸之中。"

每件事都有两面性，幸与不幸是一个相互转化的过程。在孤儿院长大的孩子如果能珍惜自己的才能、珍惜自己的机会，以比普通孩子更认真、更努力的个性成长，他们的成材概率会更高。这种天生的不幸能够伴随着韧性与不服输的劲头，从这个角度说，他们是幸运的。

幸与不幸，有时只在自己一念之间。就像故事中的孩子，他体会到了自己的不幸，却没有看到自己的幸运，不论是天生的聪明还是被养父母收养，都不能让他产生幸运感，他一味地盯着自己不幸的那一面，根本不去看幸运的一面。对天生才能的运用、对养父母的感恩都能使他过上另一种生活，但他偏偏选择没有任何作用的愤世嫉俗，这才是他不幸的根源。那么，人们究竟该怎样看待幸与不幸？

1. 世界上没有绝对的公平

抱怨世界不公的人并不理解公平的含义，世界上本来就没有绝对的公平，人从生下来一开始，就没有同样的长相、同样的脾气、同样的境遇，有些人看上去比别人幸运一些，不代表他没有努力，没有付出，甚至他要承担更多的责任。有些人似乎比别人不幸，但他们拥有的魄力和勇气不是一般人可以媲美的，世界不公平，但它又存在着某种公平，你缺失一些东西的时候，必然也拥有了一些东西。没有人能宣称自己一无所有，就算你一无所有，你依然拥有生命本身，也就拥有了未来获得成功的可能。

2. 耕耘不一定会有想要的收获，但不会一无所获

人们之所以愤世嫉俗，多是因为自己付诸努力的事没有得到想要的回报，而别人看上去轻轻松松就得到了自己梦寐以求的东西。这种现象的确存在，但是，你怎么确定别人不是比你付出了更多的努力？何况，你的耕耘并不是一无所获，至少你拥有了避免失败的宝贵经验。就算你得到的并不是自己想要的，你应该想的是如何变更方向，而不是怨天尤人。

3. 想要改变环境，先要改变自己

愤世嫉俗的对象大多不是某个人，而是某个环境。愤世嫉俗者总是认为自己怀才不遇，被大环境压制。大环境的一切都是不对的，一切都在与自己作对，他们梦想有朝一日能够改变这种环境，自己可以实现抱负。但是，想要改变环境却不付诸行动的人，只会被环境压制。

改变环境的方法只有一个，就是首先改变自己，让自己了解环境，能够在某个环境中如鱼得水，然后才能在这个环境中处于主导位置，从小地方入手逐渐改变。当你想要改变一件事，你必须先了解它、融入它，这是顺序，也是规则。

4. 行动比怒骂更能解决问题

愤世嫉俗的人喜欢用激烈的语言表达自己的不满，在这发泄中，他们并不痛快，周围的人也要跟着受罪，承担他们的消极情绪，不明白的人会问：你为什么不去做点什么？而愤世嫉俗者的最大特点就是眼高手低，不知道自己该做什么，只知道习惯性地抱怨，其实他们最应该做的事只有一件：面对现实。

成熟的人看得到不公平现象，他们的成熟体现在早就抛弃了不切实际，变得踏实。在他们看来，愤世嫉俗除了给自己增加烦恼外，不能带来任何好处，只会让自己陷入迷茫，与其否定现实，不如接受和顺应，然后再想办法改变。

生气时，等一分钟，再等一分钟

在多数情况下，不论生气和发怒，起因常常是因为别人，但是，真正让人发起火来的往往是观念上的偏差。抛去那些突发的、让我们措手不及的事，生活中，更多怒气都有一个累积爆发的过程，并不是无迹可寻，也不是无法控制。

让我们仔细回味一下怒气产生和爆发的过程：怒气的产生大多因为一件不起眼的小事，这件小事让人看着不顺眼；对于不顺眼的事，如果你睁一只眼，闭一只眼，它就会过去，一旦你继续看它、思考它，就会越想越不对味，变成不顺心；对于不顺心的事，如果将它放在一边，等待它冷却，自然也不会占用时间，一旦你张开嘴开始说它，就变成了抱怨；你抱怨几句停下来，它也对你没什么危害，如果你一直不停地抱怨，再有旁人参与"讨论"，你就会越来越激动、越来越气愤，忍不住发起脾气，酿成一起"情绪事故"。

任何人都会生气，但不应把生气变为怒火中烧，把理智烧个一干二净。成熟的人会以逆向思维解决自己的愤怒，看到一件让他们发怒的事，别人都在议论，他们会命令自己闭嘴，从而避免了抱怨，他们又会在心理上将它搁置，避免了不顺心；然后来个睁一只眼，闭一只眼，当它不存在，于是连"不顺眼"也跟着解决了，于是，"情绪事故"没有发生，用省下的时间与精力去做那些有用的、让自己心情好的事。

"是可忍，孰不可忍"是小雨的口头禅，她是公司的新职员，还没有脱去大学生的稚气，在公司遇到了"不公正待遇"，总是忍不住怒火中烧，向上级反映。

例如，合同上没有规定必须加班，但在这家公司，每个职员都把加班当作家常便饭，小雨常常对领导抱怨没有加班费，领导一开始还劝劝她，后来干脆对她不理不睬。同事间存在竞争，她也看不惯，总认为别人使坏；看到同事早退，她觉得对方偷懒，也去领导那里汇报，领导只好象征性地批评同事几句，同事从此对她怀恨在心……小雨做事不懂"睁一只眼，闭一只眼"，动不动就发怒，就要说出自己的不满。久而久之，领导和同事都厌烦她，连老总都知道了这件事，准备让人找小雨谈话。如果小雨不能改改自己的脾气，也许会面临被辞退。

对什么事都愤怒，都有意见，是为人不成熟的一种表现，就像故事中的小雨，她总觉得自己"不能忍"，于是她抱怨领导、监督同事、非议环境，当环境与环境中的人已经成为一种常态，你非要站出来指责这不对、那不对，即使你说的是对的，习惯这种环境的人依然觉得你不对，甚至联合起来排挤你。小雨面临被辞退，生活中不知有多少人因为自己的"不能忍"而面临着他人的反对和排挤。

每个人都有自己的个性，有自己看不顺眼的事，可以不被环境同化，但也不要在自己没有实力的时候向环境发出"挑战"。当别人都不说什么的时候，你为什么不想想是不是自己太容易愤怒？每个人的忍耐力都有限，多数人都在忍耐，说明事情还在可控制、可接受的范围内，不要因为你自己要求太高而怒火中烧，这种情况是你的问题，不是环境的问题。下面介绍几条克制怒气的实用方法：

1. 自我规劝法

凡事要三思而后行，想要发怒的时候，首先要自我规劝：这件事值得发怒吗？发怒的后果是什么？努力让自己忍住怒气。怒气有个特点，就是来得快，去得也快，当时不爆发，过上一分钟，它自然就消了，至少它的杀伤力降了一大半，这时候你即使说几句话，也不会造成大范围冲突。对待怒气，自我规劝法是最常用的方法，它能使你在怒气正酝酿的时候内部消解，自行恢复良好的心理状态。

2. 情绪转移法

情绪转移法是最实用的消气方法，当你觉得自己怒火中烧，干脆想想其他的事，转移自己的怒火。比如，和人发生口角时，你可以首先说："这件事我们都冷静一下，中午一起吃饭，你有什么提议吗？"这个时候别人也不好再紧追不放。多数时候，两人之间的怒火只是需要有一个人转移一个话题，就可以自然而然地结束。

3."临阵脱逃"法

当你发现对方怒火中烧，即使你占理，也不想跟对方硬碰硬的时候，掉头就走是最好的办法。如果你不想生事，就不要去招惹一个暂时失去理智的人，兵法说避敌锋芒，就是在"敌人"气势最强的时候找地方避一避，这不是胆小。举个例子，当你的上司正在发火，你有什么意见最好搁置，等他情绪稳定的时候再谈，如果趁着对方生气提起来，难保不被当作出气筒。

4."化悲愤为力量"法

愤怒是人之常情，但怒火中烧，烧的是自己，对自己没有什么实际的好处。愤怒的时候，最实际的做法是"化悲愤为力量"，把自己受到的"不公正待遇"当作前进的原动力，让自己更加努力，这也是最积极的做法。

总是对世界抱有愤怒心态的人，如果能静下心来好好反思一下自己，会发现令自己愤怒的并不是某种情况、某个人，而是自己身上的某些禀性，或者愤怒自己没有能力。提高自己的克制力和做事的能力，都会让自己更有自信，自信的人不会凡事愤怒，他们喜欢凡事尽在掌握。

和为贵，化冲突为共赢

在人与人的对立中，杀伤力最大的莫过于正面冲突。正面冲突有两种：语言冲突和武力冲突。语言冲突表现为两个人对叫对骂，武力冲突则由对叫对骂升级为对打。正面冲突一旦发生，就会对双方形象造成很深的不良影响，也会让两人的关系变得无法弥合。更糟的是，正面冲突只会激发早已存在的矛盾，并将它扩大至最大范围。

以和为贵是一种成熟的表现。尽量避免与人发生正面冲突，不论对骂还是对打，不论自己有理没理，不良后果都要由双方共同承担，自己还可能是无辜的那一个。不如在冲突发生时忍耐一下，退让一步，让对方发泄了自己的脾气，然后再寻求解决问题的办法。不然火药碰炸弹，杀伤范围成比例增加，实在让人吃不消。

避免正面冲突，克制与忍耐是唯一的办法，要讲理，要等到对方发泄之后，要公正，也要等到对方熄火之后，要知道对方只是冲动，你不回应就不会变成冲突，你一回应才会变成大事。不要认为避免冲突就是懦弱怕事，比起一时冲动造成的严重后果，你会感激自己的"怕事"，这种无意义的"事"，谁都会怕，特别是有头脑的聪明人，一定会绕着走，碰也不碰。

美国第 25 任总统威廉·麦金莱就是以平和的态度对待冲突的楷模，即使被人当面辱骂，他也会耐心地等对方说完，再以温和的口吻对对方说："如果你能够平心静气，我愿意详细给你解释这件事……"他的这种个性给民众留下了深刻的印象。如果每个人都能懂得如何回避正面冲突，就能够极大地减少人与人之间的矛盾。

人们想要避免正面冲突，是因为正面冲突有时候会由"事情"变成"事故"，而且，正面冲突很难控制，两个人面对面，你一言我一语，情绪越来越激动。尤其在旁人面前，谁都怕首先示弱，被人看作胆小鬼，就算心里知道该马上结束冲突，也会因为面子而硬着头皮继续硬干。有时候，冲突是被环境逼的，想要避免冲突，先要解决发生冲突的土壤，即自己的心境。

受不了别人的重话，受不了旁人似是而非的怂恿，受不了当众下不来台，都可能让自己情绪失控，与他人发生激烈争执。想要避免正面冲突，首先要知道在什么情况下，人与人容易发生正面冲突。以下情况可以供大家参考：

1. 原则冲突

原则冲突是不可调和的冲突，这已经不是个人见解不和的问题，而是一种人生观上的违背，互相理解的可能性极低。但是，原则说穿了是个人的一种选择，个人走个人的路，谁也挡不住谁，最多是看不惯对方。在多数情况下，没必要因为原则问题发生正面冲突，因为不管冲突多少次，你依然是你，别人依然是别人，你们依旧没有调和的可能，只是伤筋动骨，让双方都劳累。

2. 利益冲突

比起原则冲突，利益冲突有更多的可协调性，因为利益不存在绝对值，它可大可小，而且有长线效应，也就是说一时利益小了，把目光放长远，累积起来的小利益会变成大利益。这时候，谁也没必要因为一时的利益争执不休，如果实在谈不拢，干脆放弃合作，或各凭实力。最好的方法当然还是寻求共同利益的部分，彼此在能够允许的范围内退让几步。

3. 性格冲突

比起原则冲突、利益冲突，性格冲突既有不可逆转性，又有更大的可调和性，因为就算人们看一种性格不顺眼，依然有极大的共存可能，人的性格只要不那么过火，都能被旁人接受，谁没有性格呢？实在接受不了，大不了老死不相往来，不必非要撕破脸，让对方难堪。

何况人的性格都是多面的，某个人的某一面性格让你觉得无法忍受，等你深入了解后，却发现他的另一面性格让你爱不释手，这个时候，你是因为不喜欢的部分放弃这个人，还是因为喜欢这个人而包容你不爽的部分？大部分人都会选择后者。而且一旦有了感情，你对曾经不喜欢的那部分也会有新的认识，甚至看到可爱的一面，觉得过去的自己太过主观，形成了偏见。

4. 意外事故

意外事故不可把握，来得突然，冲突双方即使有涵养也有城府，在突发的情况面前也难免失态。失态不要紧，关键是不要一直失态，要迅速回复到平日的水准，开始与对方协商解决问题，必要的时候可以为自己的失态向对方道歉。面对突发事故，人们最初都会气急败坏，冷静下来之后就会变得通情达理，只要你不纠缠，别人也不会非要和你争个青红皂白。

避免与人发生正面冲突，最需要的是一种忍耐的意识和一种忍让的态度，你的忍让可以让对方看到你的诚意，反思自己，从而增进彼此了解、和睦的机会；你的忍耐可以让自己以理智看待事情，不会因一时激动发生偏差，影响全局。

宽容，消融凄风苦雨

人活于世，谁也不能说自己从来没有生过气，完全没有脾气。情绪本来就是生活的一部分，每一件事情经过我们眼中，被我们用心思索，都会产生一定的情绪，我们需要做的不是克制情绪，而是克制不良情绪，不要让那些负面情绪影响我们的心灵，干涉我们的生活，让我们变得暴躁悲观、冲动易怒。由此可见，生气也有学问。

情绪化的人一生气就要发泄，或者对自己，或者对别人，发一顿脾气后，他们心情大好。如果这怒火指向自己，可以将其内部消化，一旦指向别人，就可能会给别人带来困扰或伤害。其实，生气的解决方法不能只靠发泄，克制才是对抗怒气的最好手段。愤怒只会持续一小会儿，持续不了太长时间，你在当时克制住了，过后自然不会再去没事找事地发火。

我们应该下大力气提高自己的克制能力，要明白人生就像大海里的航船，思想就是船上的舵，而情绪就是握住舵的双手，能不能将船驶向自己想要的方向，全靠双手的掌控。如果任由情绪蔓延，偏差就会出现，偏差小了，只是多走一些路；偏差大了，也许会走向自己根本不想去的地方，也许会面临灭顶之灾。所以，聪明人最怕情绪失控，做出自己意想不到的事，他们会让自己冷静、再冷静，克制、再克制，拥有一份理性的心态。

十年前，一个很有艺术细胞的青年想成为一个作家，他写了一封信给上海的一位知名作家，希望得到他的指教。一个月以后，作家的回信才被送到青年手中，青年一看回信火冒三丈：作家没有给青年提任何关于写作的建议，而是将青年信中的语法错误、句子错误用红笔画出，还列出了几个错别字。

骄傲的青年想回信讽刺作家一番，他在花园里绕来绕去，想着这封信的措辞。被风吹了半个小时，他的头脑清醒了一些，想到作家在百忙之中还给自己修改文法、指正缺点，虽然他提出的问题可能不合自己的意思，但初衷不也是为了帮助自己吗？

于是，青年给作家回了一封感谢信，谢谢他对自己的指正。作家见青年虚心肯学，不由对他多了几分好感，此后经常对青年指点一二，让青年受益匪浅。

青年人想要得到作家的指点，得到的却是不留情面的批评，起初青年人想要发火，冷静下来之后却写了一封感谢信，这就是一个心理成熟的过程。面对批评和非议，你可以选择大发雷霆，也可以选择虚心接受，哪一个能带来更多的好处？平心静气想一想就不难回答，不论起因还是结果，克制远远好过无意义的发泄。

成熟的人擅长克制自己，因为想要做一件事情，不论遇到什么都不要忘记自己的初衷，为了达到目的，忍受途中的怨气与怒气，当火气升高的时候，理智会给自己一杯冰水，提醒自己不要焦急，也不要愤怒，冷静地思考才能找到最好的出路。那么，如何在怒到极点的时候也能给自己的怒气"降温"？这是一个心理上的渐进的认识过程。

1. 温和地回应比愤怒地回敬更有效

彬彬有礼的人不容易与人冲突，即使他们受到冒犯，也会审时度势，客观地分析问题。他们把礼貌与温和当作自己的习惯，对待反对者也是如此。而且，没有比温和地回应更好的办法，温和，保持了个人的风度和礼节，在任何时候都不会让人抓到把柄；温和，有助于事情的解决，即使事情迫在眉睫；温和，也让人与人的关系从剑拔弩张到缓和，俗话说，伸手不打笑脸人，你有礼貌，多数人自然不好意思撒泼。

2. 保持理智，才能保证自己的正确

事实表明，一个人对事物的认识越全面、越深刻，他的怒气值就越低，自制能力也越强。足够的理智能够带来过人的自制。控制自己的言行，能确保你在任何情况下不去伤人伤己、有损体面。理智的态度能够保证结局的正确，也让你说的话与做的事更有说服力。

人是情绪动物，培养理智是一个过程，需要长期思考，保持理智也是一个过程，需要长期实践。吃一堑长一智，仔细想想你上一次发脾气是在什么时候？造成了什么样的不良后果？多多检讨，自然会在下一次同样情况出现时多一丝冷静，不再头脑发热。

3. 培养毅力，加强克制能力

一位苏联教育家说，没有克制就不可能有任何意志，在诱惑面前，只有毅力能够保证自制能力持续发挥作用。毅力代表的既是一种坚持，也是一种果敢的进取态度。没有毅力不足以成事，有毅力的人才能对诱惑克制、对情绪克制、对生活克制，保证自己朝着目标稳步行进，而不是旁逸斜出、朝三暮四，更不会因为一时情绪耽误正事。

4. 自我调整心态，保持情绪平衡

每个人对周围的事物都有自己的一套观念，看到某种情况，下意识地做出评价，而且在冲动状态下，这种评价几乎无法更改。为了避免这种偏颇和冲动，在平日就要保持心态的平静、情绪的稳定。要知道影响我们情绪的外界因素很多，如果想在形势复杂的时候保持理性，就要有一颗以不变应万变的平常心，平时不因小事大惊小怪，大事发生的时候才不会乱成一团。

发怒的直接后果不是麻烦，而是后悔，后悔自己因为冲动而伤害了别人，后悔贪图一时快意而造成不良影响，更后悔一次发怒而让自己失去了某种机会。对成熟的人来说，对人、事愤怒，与他人争执的最佳结果莫过于以理服人，再退一步，至少保证自己没有损失。面对正面冲突，不妨一笑了之，与人宽容，与己方便。

第六章
心里有春天，寒冬中也能品味芬芳

人生在世，悲愁苦痛，都要独自品尝。不是你倦了，就会有温暖的巢穴；不是你冷了，就会有红泥小火炉。每个人的内心都有几处暗伤，忍过了，才能品味芬芳。

人生如茶，苦中自有芬芳

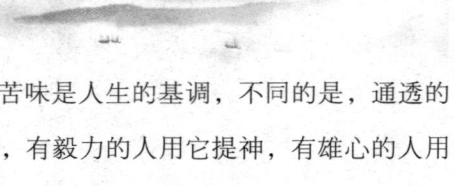

人生如茶，细品之时就会发现，苦味是人生的基调，不同的是，通透的人能品出清香，知足的人能品出余甘，有毅力的人用它提神，有雄心的人用它醒脑……归根结底，人生是苦的，佛家归纳出人生有七苦：生、老、病、死、憎相会、爱别离、求不得。生命的每一个过程固然有快乐，却也伴随着痛苦，有时甚至看不到快乐，只有苦闷的阴影。

面对人生的痛苦，我们不能像圣人一样达观，也不必整天用"天将降大任于斯人也"来安慰自己，苦就是苦，每个人都要经受，谁也不会例外。我们需要的是一种对痛苦的忍耐力，保证自己能够吃苦，以及在吃苦中得到报酬的能力，还有敢于吃苦，在苦难中也能找到意义、找到乐趣的心态。这样的能力和心态，才能保证我们在人生的风风雨雨中保持乐观和活力，取得巨大的成就。

一位名记者曾经讲过这样一个故事。

"那时我是个初出茅庐的报社记者，每天都有好几个采访任务，常常写稿写到三点多。我也曾经想过这个工作太累，想换一个轻松的，不过，有一天的采访改变了我的看法。

"那天我去敬老院采访一位83岁高龄的老人，他是省书法协会的荣誉会员，在书法上有自己的特色。这位老人很健谈、很随和，虽然生活在敬老院，但他的房间里摆放着各种字帖，每天与书为伴，生活很雅致。当我问他高龄是否给他带来不便时，他说：'我要尽情享受生命的每一天，不会去想它给我带来的不便。'

"如果仅仅是采访这位老人，我不会有这么深的感受。让我印象更深的是在回来的路上，那时候我还没有车，只能不停地倒公交车。在一辆公交车上，我看到一个十几岁的小孩一脸疲倦，他目光呆滞，就算有老人站在他旁边，他也不站起身——不是他不让座，而是他根本看不见，他似乎完全忘记了周围的一切，只是麻木地翻着手中的习题集。

"当活力盎然的老人和了无生趣的小孩同时摆在我面前，我突然明白生命的状态是由自己的心态决定的，你认为它苦，它就会苦不堪言；相反，你认为它很好，它就会给你无穷的乐趣。当我调整了心态之后，我发现原本枯燥的工作不再那么让我厌烦，我开始积极努力，不到一年，我就有了升职的机会，之后越做越好。"

很多时候，苦是一种心态，当你觉得生活苦，就能在外在环境中找到许多佐证：年纪也好，困难也好，烦恼也好，都让自己的心苦上加苦。人生之苦不分年龄，不分性别，也不分身份。人生的乐也是如此，懂得寻找快乐的人到哪里都能找到令自己高兴的事，就像故事中的高龄老人，年纪给他带来了行动上的不便和迟缓，但他却比年轻人更加懂得如何享受生活。

人生不怕没有快乐，只要有迎接快乐的心态，快乐总会在不经意间与你不期而遇。人生怕的是自苦，把自己淹没在苦水里，看不到任何光明和希望，每天不断地咀嚼着苦涩。人生固然很苦涩枯燥，但总有很多事让你恢复活力，将这些事找出来，就是在痛苦中寻找快乐，让人生不再只是一个重负。那么如何"苦中作乐"？

1. 肯定自己

很多时候，影响你意志的不是外界环境，而是自信心的丧失，一个人一旦否定自我，即使有再多的机会他也看不到，有再多的快乐他也不愿理会。当你觉得苦不堪言，首先要做的是重新肯定自己，找回过去那颗自信而执着的心。

肯定自己包括很多部分，肯定自己的能力、肯定自己的付出、肯定自己的个性，只要是你觉得可以欣赏的地方，都应该拿出来反复告诉自己这些东西曾带来怎样的成功，即使生活让自己失去了很多，至少它们一直陪伴自己。留得青山在，不怕没柴烧，只要像过去一样努力，就能渡过难关，重塑辉煌。

2. 学会放松

觉得生活太苦的时候就要学会给自己找乐子，学会自我放松，可以用心理暗示的方式告诉自己困难都是暂时的，根本没什么。也可以去参加一些有趣的业余活动，让自己疲惫的身心得到休息。有时"苦"的感觉只是因为你负重太久，绷得太紧，需要一次放松，一旦身心得到休息和恢复，活力就会重新回到你身上，你又可以鼓足精神迎接挑战。人生就是一个悲伤欢喜交替的过程，当你觉得苦的时候，就要寻找放松的甜味。

3. 学会幻想

幻想是对抗紧张与不安的好方法，也是一种自我安慰。当你焦虑时，可以幻想自己正处在一个轻松的环境，也可以想想自己过去取得成绩时那一瞬间的兴奋与得意，这些心理上的刺激都能让你打起精神面对现实，而不是悲观下去。

幻想虽好，但千万不要沉迷。偶尔做梦可以激起人们对未来的向往，但总是做梦就会影响人的进取心。人生是梦想与现实的不断抗争过程，不必在意一时的辛苦和痛苦，因为努力的人总会等到苦尽甘来的一天。

风雨兼程中，微笑应对

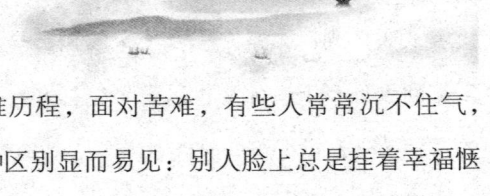

　　人生中难免有各种各样的苦难历程，面对苦难，有些人常常沉不住气，他们总认为别人比自己幸运，这种区别显而易见：别人脸上总是挂着幸福惬意的微笑，照照镜子，发现自己却是一脸的郁闷与痛苦，生活的重担全部写在脸上。和别人的状态有天壤之别，怎么能不去羡慕别人的幸运呢？但是他们没有想过，那些笑着的人真的是幸运者吗？

　　人的表情和心情并不是统一的，有时候笑的那个人不一定是幸运者，他们在维持一种礼貌、一种风度，证明自己不怕暂时的困难和失败，证明自己有信心更进一步。

　　苦难与挫折都是人生的必经之路，在这个过程中，你可以选择哭着放弃，也可以选择笑着面对。选择微笑的人，往往是生活中的强者，他们不愿在困难的压迫下露出窘态，也不愿让身边的人看自己的笑话，他们的行为固然有"要面子"的成分，但在这种时候，自尊常常能够激发一个人巨大的潜力。微笑着面对苦难，是一种积极的生活态度，它承认现状的不易，更相信未来的辉煌。

　　约翰先生是底特律有名的皮鞋生产商，他曾经公开对人表示：他最佩服的就是同一个城市的水果商杰克逊先生。听到的人都觉得奇怪：约翰先生和杰克逊先生似乎从未碰过面，他们做的买卖也是风马牛不相及，为什么约翰先生会佩服这样一个和自己没有关系的人呢？

在一次采访中，约翰先生说出了谜底。原来，十几年前，约翰先生还是个寒酸的皮鞋推销员，他的工作是敲开一家接一家的房门，推销一种牌子不响的皮鞋。即使每天累得腰酸腿疼，也卖不出几双鞋，他的心情一天比一天黯淡。每天早上起床，拿起廉价的鞋油擦皮鞋的时候，他不知道这份工作还能做多久，自己还能活多久。

一个冬天的夜晚，约翰还在工作，他敲着一间大房子的房门，前来开门的就是杰克逊先生。看到约翰穿得单薄，杰克逊先生请他进房喝了一杯咖啡，并买了一双皮鞋。他对约翰说："我像你这么大的时候，还在别人的田里做果农兼推销员，每天连饭都很难吃饱。不过现在我已经是一个成功的水果商——相信我能做到的，你也能做到。"从那天起，约翰先生充满了干劲，他相信了杰克逊先生的话，并以杰克逊先生为目标，一步步走向了自己的成功。

面对苦难，微笑并不是件轻易的事，有时听上去像是风凉话——哭都哭不出来的时候，哪里还能笑？不过就像故事中的杰克逊先生，他的事业从小到大，靠的就是对待困难能够保持笑脸——一个推销员在任何时候都要保持笑脸，才能真正地推销自己的产品。其实，我们的人生不也是一次推销吗？向命运推销自己，得到它的承认，才能取得成功，所以，无论什么时候我们都必须保持笑脸。

德国诗人歌德说："如果你觉得自己渺小，那么你已经找到了巨大收获的开端。""笑对人生"是一种乐观的心态，也是从渺小到巨大收获的开端。当然，痛苦的时候仍然要保持微笑，会让你更加苦涩，但是，一旦习惯，就会从中获得力量。那么，如何保持乐观的心态？

1. 想想过去的辉煌成就，补充自信

遭遇苦难的时候，你需要补充自己的自信，以期待自己尽快度过苦难时期。最直接、最简单的方法是想想你过去获得的辉煌成就。一个人一旦辉煌过，自尊心也会相应提高，不会允许自己对苦难低头，而且，成功时尝到过的甘甜滋味也会加倍激励自己再创佳绩。

在困难的时候千万不要想过去的失败，从过去到未来是个无法中断的过程，现在就是它们的连接点，用成功的心态看待困难，往往就能以成功联系过去与未来。否则，就会从失败走向失败，由痛苦滋生痛苦。

2. 幻想一下未来的场景

过度幻想会消磨人的斗志，适当地幻想能点燃人的激情，尤其是在困难的时候，只要想到渡过这次困难之后能够得到的成就、能够享受到的赞美、能够给自己的前途带来的资本，多数人都会觉得充满了干劲，愿意再拼搏努力一下。即使你是个非常客观冷静的人，幻想一下这样的场景，也不无帮助。

3. 客观分析现在的困难，寻找解决途径

苦难是人生必经的过程，战胜困难是成功人生必需的步骤，如果一个人能有这样一种心态：遇到困难的时候，不是抱怨自己倒霉，而是立刻想到"这是考验"。他就具备了极强的心理素质，能够把人生的一切当作一种挑战，节省旁人用来哀叹的时间，一心一意争取自己的胜利，这样的人大多能创造傲人的成就。

每个人都需要一种"笑对人生"的心态，你把痛苦看得少一分，幸福就会多一分。你以超然的心态看待周围的烦恼，烦恼就会离你远去。五味俱全才是人生，既然享受了甘甜的部分，苦涩的部分也要微笑着面对，这才算真正的品味。

宽容如水，融合朋友的嫌隙

人生的苦闷，很多来自人与人之间的关系，没有一个和谐的人际关系，人们往往要吃上很多苦头。得罪了人，别人固然要给你使绊子；被人看不顺眼，也可能成为事业与生活的阻力；和人面临竞争，竞争对手视你为死敌；有时候被人误会，还会招来诸多流言蜚语……有人会说，那些长袖善舞、八面玲珑的交际人物总不会有阻力吧？也不是，有时候，他们得罪的人更多，还会被人冠上"虚伪"的头衔。人心隔肚皮，你无法得知别人究竟在想什么，敌人固然不可信，朋友也未必全然真诚，这个时候，你依然需要城府。

成熟最重要的体现就是你的心胸。你是否总是记恨那些令你吃过亏的人，或者一而再、再而三地反对那些你看不顺眼的人。有些人"爱憎分明"，喜欢一个人就喜欢到底，讨厌一个人就看不到那个人的任何优点。但是，每个人都有维护自己利益的天性，当别人干涉过你、伤害过你，但你仍然想与他保持相对友好的关系，不念旧恶应该是你的选择。

琼斯在一家公司的市场部工作，他是公司的老员工，对营销有自己的一套经验，很得上司器重。没想到今年以来，他的地位一直在下降，原因是单位来了一个叫玛利亚的新员工。玛利亚年轻有实力，又有很多新点子，业绩蒸蒸日上，成了公司的新主力，连创佳绩。

琼斯很不服气，认为玛利亚是靠巴结上司和顾主才能有这样的业绩，他经常给玛利亚使绊子，和玛利亚抢客户。玛利亚也不是省油的灯，看到琼斯为难她，就处处与琼斯对着干。因为忙着给对方添麻烦，两个人的业绩都受到了很大影响，直到影响了年底的效益奖金，琼斯才发觉自己作为前辈、作为男人，心胸太过狭窄。

琼斯主动找玛利亚道歉，并虚心向玛利亚请教寻找年轻客户的方法，还经常把自己的经验教给玛利亚。玛利亚看到琼斯真心诚意，就放下成见，常和琼斯一起分析市场、制订计划，两个人合作无间，成了公司里最厉害的一对搭档。

很多时候，我们猝不及防地吃了苦头，而吃苦头的原因不是因为得罪了谁，而是因为妨碍了谁，或者单纯因为自己的优秀引起了别人的忌妒。吃了苦头以后应该如何对待他人？在故事中，玛利亚原谅了主动道歉的琼斯，还和他成了好搭档。但是，生活中没有这么多理想化的情节，很多时候，让你吃苦头的人也许根本不道歉，也不觉得自己有什么错。

对待这种事，关键仍然在于自己的心理状态。有城府的人往往表现出超出常人的宽宏大量，即使有人得罪了他们，他们也会很有君子风度，不会伺机报复，也不会说三道四。看上去他们似乎很吃亏，其实是赢得了主动权和口碑。如果你仍然觉得心理上过不去，不愿与那些有过节的人和解，不妨想想以下几点：

1. 以牙还牙只会让事情没完没了

人与人之间难免有过节，如果今天我打你一拳，明天你踢我一脚，后天打一架，事情就会一直持续下去，永远也不会有和解的一天。但是，与他人有过节是一件耗费时间和精力的事，试想你原本可以用和别人较劲的时间干正事，做出一番成绩，却因为和人钩心斗角，让机会与自己擦肩而过，难道不可惜吗？

如果你持续不断地做好事，你就能从中得到一些益处。但是，与他人产生过节除了让人与人彼此厌恶，继而彼此拆台外，没有多少正面功能，让它没完没了下去，只会耽误自己的人生。

2. 要看日后的合作可能

以现实眼光来看，多一个冤家绝对不是一件好事，因为世事无常，今日的对头也许会变成明日的合作者。仔细想想，你和谁没有合作的可能呢？也许是生活上的，也许是事业上的。所以，不要总是顾念着别人旧时的错误，也许他也在内心后悔着，只是碍于面子不想说出来。你以宽容的心态接纳对方，绝大多数的人都会知恩图报。

3. 只当自己交了一次学费

人们不愿意忘记旧恶，其中一个重要原因就是觉得自己吃了亏，还可能是吃了大亏。不过，每个人都在吃一堑长一智中锻炼了自己的心智，如果达观一点，就会把这件事看成一次学习的机会，以实际损失向社会交了一笔学费，学费数额可能大也可能小，但也不算血本无归。

人与人的关系有时像同一个赛场上的选手，本质上是竞争的，甚至常常为名次争执。但是，如果能懂得学习别人的长处，把对手变为朋友，更是一件好事。从前的事毕竟只是从前，人还是要向前看，不论是看待事情，还是看待身边的每一个人。

修炼心境，愈合心灵的创伤

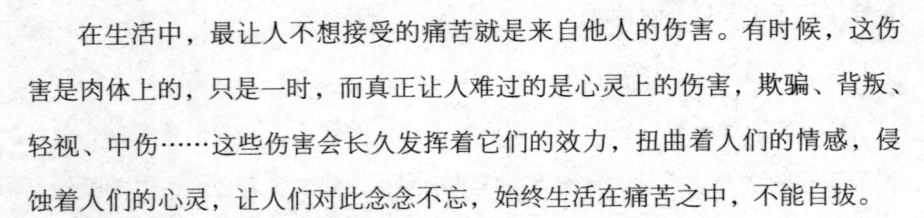

在生活中，最让人不想接受的痛苦就是来自他人的伤害。有时候，这伤害是肉体上的，只是一时，而真正让人难过的是心灵上的伤害，欺骗、背叛、轻视、中伤……这些伤害会长久发挥着它们的效力，扭曲着人们的情感，侵蚀着人们的心灵，让人们对此念念不忘，始终生活在痛苦之中，不能自拔。

在我国，先哲们倡导"恕道"，提倡人们以德报怨。当别人做了伤害你、对不起你的事，多数情况下应该考虑原谅对方。如果一直对他人充满怨气，为难的不是他人，而是自己，以德报怨，其实是在给自己一个解脱的机会，让自己从怨恨与不满中解脱，变得更加平和、更加宽容。

冤家宜解不宜结，与其多一个仇人，不如大方一点、宽容一点，原谅他人无心或有意的过失，从此多一个朋友。"以德报怨"是基于这样的一种心理：世界上的人都是复杂的，有好的一面也有坏的一面，但多数人的本心是希望能够与他人友好相处。相信了这一点，你就能原谅他人出于不得已或者无心的过失而造成的对你的伤害。换句话说，能够体谅别人，才能以德报怨，否则只能冤冤相报，没完没了。

古时候，魏国和楚国边界有个小县城，两国的村民都在这里居住。这里的土地适合种瓜，每年春天，两国的村民都会种下西瓜。

这一年大旱，种下去的瓜苗长势不好，村民们暗暗着急。魏国的县令看到这种情况，就鼓励大家一起去远处汲水浇瓜。一段时间后，村民们虽然辛苦，但瓜的长势渐渐好转。谁知楚国的村民看到这种状况红了眼，趁着夜深偷偷去踩魏国村民的瓜田。魏国的村民受了损失，群情激奋，准备晚间也去破坏楚国的田地。

魏国县令听说了这件事，连忙阻拦说："你们这一去，固然解了一时之恨，但你们有没有想过以后的事？难道以后每年你们都要互相破坏瓜苗？"村民们觉得这话有道理，只好请县令想个好办法。县令说："以德报怨是最好的办法，以后你们浇瓜的时候，顺便在他们的瓜地里也洒一瓢水，不费多少力气，又能帮助别人。"

魏国的村民按照县令的话去做，没多久，两国的田地都长得不错。楚国的村民看到魏国人以德报怨，十分羞愧。此后，两国村民世代友好，再也没有起过争执。

中国人历来有两种传统，一种是圣人提倡的"以德报怨"，另一种是世俗意义上的"以怨报怨"。因为中国人历来重视道德，讲究修身，但是，每个人又很难忘记自己受的伤害，于是在处理怨恨的时候，脑海里常有这两种思维的反复交战。前者近乎理想，而且未必有好效果，后者后患无穷，也许会带来更多麻烦。

在上述故事中，魏国有一个聪明的县令，他并不是以圣人心态治理自己的辖区，他采取的其实是一种现实主义的态度，为的是保住自己国家的收成，不让对方再破坏自己的劳动成果，而且花费的力气也不多，何乐而不为？有的时候，以德报怨就是这样一件"好事"，关键是你要在心理上真正接受这件事。那么，如何在心理上原谅对方？

1. 目光要长远，不要盯着一时的恩怨

每个人的生活都有一定的目的，随着年龄的增大，目的性就会越来越强，做事情首先想到的是会有什么后果，更有脑子的人还会想是不是符合长远利益。

个人恩怨，看似是个人经历和喜好的私事，但也和我们的未来息息相关。不论是在心态上还是生活上，怨恨一个人都不会给自己带来开朗的心态，和某个人结仇也许就会变成一枚定时炸弹，终有一天会突然爆发，扰乱我们的生活。所以，一时的恩怨多数都可以变得云淡风轻，只要你愿意忘记，它就很容易变成过去。

2. 要给他人改正错误的机会

每个人都可能犯错，你怨恨的人也是如此。也许他的心里早已为此内疚，也许他已经表现出这方面的意思，这时候，如果你们没有深仇大恨，不如给对方一个承认错误、改正错误的机会。因为每个人都处在成长中，难免会做错事、说错话，有时候是出于无心，有时候是出于一时的偏激，如果你愿意宽容对方一次，对方也就获得了一次有益的人生经验。

3. 要检讨自己的失误，不要一味指责别人

与人有过节，有时候并不一定是他人的原因，绝大多数的事情都是双方共同作用的结果。人与人的怨恨也是如此，所以，不要一味护短，从不检讨自己，在你指责别人的时候，也要想想自己的所作所为是不是有欠妥当的地方。或者，你听听别人指责你的话，如果愿意平心静气地分析，就会发现自己也不是想象中那么"理直气壮"。

成熟的人都会学着原谅别人，即使那个人曾经严重伤害过自己。他们知

道和别人过不去的同时也是在和自己过不去。在生活中,如果能用"以德报怨"的思维看待大多数怨恨,心中的烦恼就会减少一大半,与他人的关系也会豁然开朗,心灵上所受的痛苦也会更少。这是一种修为,需要在漫长的人生道路上慢慢体会。

树在,山在,已经值得感恩

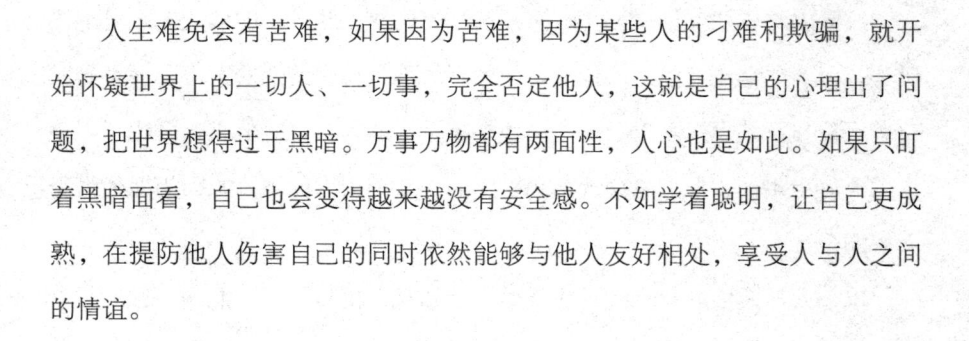

人生难免会有苦难,如果因为苦难,因为某些人的刁难和欺骗,就开始怀疑世界上的一切人、一切事,完全否定他人,这就是自己的心理出了问题,把世界想得过于黑暗。万事万物都有两面性,人心也是如此。如果只盯着黑暗面看,自己也会变得越来越没有安全感。不如学着聪明,让自己更成熟,在提防他人伤害自己的同时依然能够与他人友好相处,享受人与人之间的情谊。

有一个孤儿出生时就被父母抛弃,在孤儿院生活。他六岁那年,一对夫妇将他接走。夫妇二人结婚后一直没有生育,收他做养子,想要今后做个依靠。没想到三年后,夫妇二人有了自己的孩子。他们为了生计考虑,将孤儿送给了别人。孤儿哭泣着不愿意走,却被养父母狠心地赶出了家门。

第二家人将孤儿当佣人一样,让他在家里干活,也供他读书。四年后,那家人觉得孤儿上学太费钱,不愿意再养他,任凭孤儿百般恳求也无济于事。

孤儿只好收拾行李，在一家饭店找了一份包吃包住的工作，从此开始了他的艰难人生。

在十几年的时间里，孤儿做过苦工，上过当，忍受了无数委屈，甚至当过乞丐。孤儿生性倔强，从来没有放弃出人头地的念头，最后，他成了一家餐饮公司的大老板。让人惊讶的是，他将曾经养过自己的两对夫妻接到家里共同居住，像对待亲生父母一样对待他们。面对别人的不解，他说："为什么要只记得自己受过的苦？我只知道当年如果他们不给我饭吃，不给我住的地方，我根本活不到今天。"

故事中的孤儿就是一个"以德报怨"的典型，养父母的确让他吃了很多苦头，但当他功成名就之后，他首先想到的不是自己遭遇的不幸，而是养父母曾经给自己的恩情。对于那些心地仁慈宽厚的人，记得他人的好比记得他人的不好更重要，他们总会选择用别人的好抵消别人的不好，因为他们懂得知恩图报。

每个人与人接触的时候，都希望在对方身上得到关怀、照顾、帮助，有这种想法的人并不是自私，只是人的一种惯常心态，有这种心态不代表他们不会回报，甚至会回报得更多。但是，每个人的性格都是多面的，至少和你是不同的，给了你关怀的同时，就可能给你伤害，所以不能只是要求他人对自己好，而不接受其他方面。而且，记得别人的好，会给你的人生带来很多益处，例如：

1. 一个人的心胸决定了一个人的成就

做大事的人不能心胸狭隘，如果一个人总是记着旧日的仇恨，那么很多人都可能不小心得罪过他，他从此和这些人划清界限，也就是把自己能够发展的范围相对变小，把自己可能的盟友相对减少。一个人如何对待自己的仇人最能看出他的心胸，而人的心胸常常能够决定他能多大限度地争取人心，也就决定了他可能做出多大的成就。

2. 面对伤害，需要有强大的心理素质

人生中难免要面对别人给自己带来的伤害，有时候这伤害是一时的，很快就能"一笑泯恩仇"，有时候伤害是长久的，留在心里成了挥之不去的阴影。这个时候想要原谅别人，忘记别人的不好，就需要强大的心理素质，既要有对对方处境的体谅，设身处地地为对方着想；还要有全面的分析能力，看到当事人双方各自的失误；更要有长远眼光、自省能力，等等。这都需要平日的历练和积淀，最重要的是要分清孰轻孰重，懂得感恩和宽容。

3. 懂得感恩的人，才懂得真正的生活

人与人之间的矛盾在所难免，但是，对待那些曾经照顾过你、关心过你、帮助过你的人，理所当然地要多一分宽容，更要懂得感恩。否则，人与人的关系就会变成冰冷的利益关系，在利益为前提的关系下，生活也会变得渐渐失去人情味，这才是人生的最大损失。

成熟的人是那种既注重现实利益，也注重人格修为的人，他们不会忘记别人对自己的好，又能以现实眼光原谅别人的过失。于是，他们给人的感觉往往是最理想的：既让自己开心，又让别人尊敬。

因为懂得，所以慈悲

人生路途中，人们难免面对伤害与痛苦，有时候是自己遇到了悲伤，发现自己无力解决，有时候看到别人遭遇痛苦，虽由衷同情，却没有能力做些什么。林林总总的痛苦让人们备受打击，也让那些坚强的人变得更加成熟。要用什么样的心态面对人世的痛苦？这个问题的答案并不复杂，能够抚慰痛苦的只有慈悲——对自己和他人的爱护与慈悲。

想必我们都还能记住小时候不停地哭闹，这时候，如果有人肯来我们身边说几句安慰的话，逗我们发笑，让我们开心，烦恼和悲伤很快就会无影无踪。这就是我们接触的最初的慈悲。长大后，我们的烦恼可能不会因为几句话减少，但是，如果知道自己被关心、被爱护，痛苦不自觉地就会减轻，至少在心理上，我们是舒服的、愉悦的。

成熟的人懂得慈悲的重要，"慈悲为怀"不是出家人的专利，对人对事的慈悲，其实就是对自己的慈悲。你能够怎样对待别人，别人才能怎样对待你，想要他人、命运对你慈悲，你先要对他人、命运付出足够的慷慨。当你真正把自己的所作所为看作一种心甘情愿的付出、一种对他人的帮助，你会更坦然，不论出现任何结果，你都不会觉得是一种伤害，因为你已经做到了你应该做的事。

村子失火的那一天，农夫达尼正在山里种地，看到远处的火光，他扔下农具赶回去救火。当他赶到家中，发现自己的屋子被烧成一片焦土，而邻居杰克的屋子却只损失了一个屋顶。达尼问杰克："我们是从小到大的好朋友，你怎么忍心只救自己的屋子？哪怕你在扑灭自己家的火之后来扑灭我家的火，我也会感谢你……"

杰克一脸愧疚，不敢抬头看达尼。大火来临的时候，他慌了神，只顾着扑灭自己家的火，根本没想到达尼家。他想起达尼曾对自己的帮助，想起达尼被烧掉的全部家当，越想越觉得自己是个自私的人。杰克总想用什么方法补偿一下达尼，可是达尼根本不理他。

就这样过去了一年时间，达尼搬到了更远的地方住，杰克开始做打鱼生意，且越做越大。这一天，他的雇工急匆匆地跑来告诉他：他的大渔船被火烧了，幸好发现及时，损失不大。令杰克没想到的是，这个发现火灾的人竟然是达尼。

"你为什么还要帮我呢？"杰克百感交集，"上一次，我并没有帮助你，不是吗？"

"总想着过去的事有什么用？最重要的是我看到了火灾，不想你遭受损失。"达尼说。

一个人受了伤害，觉得难以释怀，但是，如果一直不能释怀，就等于把这份伤害持续下去，甚至让这份伤害的阴影一直笼罩着自己。这同样也是一种伤害，甚至这种伤害比他人给的伤害还要严重，因为一旦你对某些事看不开，就会使你产生心结，这个心结会影响你对其他事的判断，让你产生某种偏见，对人格发展来说，是一种极大的负面影响。

对他人慈悲其实就是对自己慈悲，对自己慈悲其实就是说服自己尽量想好的方面，遗忘那些坏的方面。而且，慈悲能够让自己更加平心静气地对待外界事物，有一份平静的心态，在任何时候都能保持超然，就更不容易受到打击与伤害。那么，如何让自己具有慈悲心态？

1. 要理解他人的难处

人生在世，不是只有你一个人遭遇痛苦，每个人都有他自己的难处，不论是受到伤害还是被人得罪，或者因为他人连累而受苦。如果能想想他人的处境、他人的感受，就更容易看开眼前的事，因为如果是你遭遇他人的情况，你未必会比他人做得更好。为他人着想、理解他人、愿意同情他人的遭遇，你就已经具备了一份慈悲的心态。

2. 要懂得别人表达歉意的方式

当别人为你带来痛苦，他未必没有愧疚感，有些人性格直爽，也许会直接向你道歉，希望得到你的原谅；有些人心思细密，会小心地观察你的反应，然后才能确定用什么样的方式向你道歉；有些人不擅表达，也许他已经在用实际行动表达歉意，但你却没看到。

对于别人的歉意，如果能及时接受，会让双方都放下一颗心，不必担心从此结仇，也许还能化干戈为玉帛。所以，要用善意的眼光看待别人的行为，这也是一种慈悲。

3. 不要事事想着回报

有时候，人们的心理落差不是因为伤害，而是因为自己的付出没有得到应有的回报，特别是当你全心全意地对待他人，他人却丝毫不知感激，甚至恩将仇报的时候，那种伤心比被仇人陷害的伤心更甚。但是，付出并不是以回报为前提，事事想着回报，就会使自己整天生活在落差中，变得越来越自私,更不可能懂得慈悲。

人生的苦楚众生平等,你受苦的时候,别人也在遭受着其他痛苦,如果能对自己、对他人都有一份宽容爱护的心态,就能减少自己和他人痛苦的感觉,更相信人性的美好。慈悲若能与成熟相伴,将会使人的心态由爱自己转向爱更多的人,从而做出更多造福大众的事业。

不经风霜,哪得寒梅香

在悲观的人看来,生命就是一个吃苦受累的过程。在他们看来,做什么事都是在吃苦,生下来第一声啼哭,是因为马上就要开始经历苦难的人世;小时候认真学习是苦,因为缺少了玩乐时间;长大了拼命工作是苦,因为付诸所有的劳动不过是为了一份不算多的工资;当父母是苦,因为有了更多的负担;年老了更苦,因为生病与死亡马上就要到来……

在他们眼里,看不到出生的意义,感受不到奋斗的快乐,体会不到感情的价值,他们总把人生当成一摊苦水,想要摆脱,又发现自己没勇气寻死,也不想放下责任,于是他们的苦成了自苦,成了消耗。他们并非体会不到欢乐,却总是把欢乐浸在苦水里一同喝下去。他们常常说生命没有意义,自己太过平庸、缺乏价值。也许,他们只是没吃过真正的苦。

以什么样的心情享受是一种选择,以什么样的心态吃苦却能反映一个人的城府。从出生到死亡,人无法避免压力与痛苦,并不是只有自己苦,而是世界的规律、生命的规律。人活着并不是为了受苦,而是尽量在苦中寻找快乐。真正的成熟在于一种对事情的消化能力和引导能力,承担了事实,承受了痛苦,然后在心理上将经历的这些当作经验,把事情向更好的方向引导,让生命更有价值,才是生命的意义。

毕业后,小李在一家公司打工,他遇到了一个十分难缠的上司。这个上司是个爱挑刺的男人,最爱挑人毛病,对待新人时刻观察留意,一有毛病,就要说个没完,还会把这些事告诉老板。更让小李受不了的是,一旦工作出了问题,上司就会把责任全部推给他,这时候知道真相的同事也不会为小李说一句公道话。

半年后,忍无可忍的小李选择跳槽。在新公司,小李成了优秀员工,可是,他又遇到了一个麻烦的上司,这个上司脾气暴躁,动不动就骂人,骂得十分难听。小李为人很有礼貌,受不了上司动不动就口吐脏字,又想辞职了事。小李的姐姐劝他说:"哪个新人刚开始没吃过苦?想要成功,你要吃的苦还多着呢,现在就受不了了?而且,世界上怎么会有十全十美的上司?如果上司要求严格,你就尽力达到他的要求,这对自己难道不是一种促进吗?"小李打消了辞职的念头,工作更加努力。渐渐地,上司对他的印象越来越好,将他当作重点培养对象。

人们对待苦难不外乎两种方式,一种是以消极的态度对抗它、仇视它,包括无休止地抱怨,也包括看到机会就要逃避。故事中的小李在最开始的时候,选择的就是这种方法;另一种方法是以积极的态度接纳它、正视它,包括积极地承担,把它视作某种提高自己的机会。相信小李成为重点培养对象后，再想想自己挨过的骂，想必滋味大有不同。

苦难能够促进人的发展，是心灵成长的催化剂，它能使人在短时间内变得成熟。而长久吃苦会磨炼人的耐性和韧性，使人在环境的压力下积累智慧和能力。只要继续努力，不被眼前的困境击倒，能力不够，可以用努力弥补，对于他人别有用心的刁难，可以用成绩回击，到你成功的那天，一切苦都有了它的价值。那么，要以什么样的心态面对"苦"？

1. 不要逃避吃苦

每个人都想有轻松的人生，"吃苦受累"这个词听上去让人望而却步。可是，成长的每一个步骤、生活的每一个方面，都有让我们吃苦头的一面。当你想要休息娱乐，却不得不去做那些必须做又让你觉得无趣的事，这种苦闷也让你觉得生活缺乏趣味和活力。

但是，吃苦也是生命历程必经的一部分，也许还是最重要的一部分。道理很简单，想要学会拳脚功夫，最先要经历的事是挨打，挨的打越多，越能学习别人的招式，寻找别人的漏洞，如果打你的人门派不同，你学会的就是针对不同套路的克敌方法。吃苦是一种学习、一种锻炼，有成就的人必须吃苦，否则只能当绣花枕头。

2. 要搞清楚问题的关节

生活中，一些难题让我们吃的苦头最多，有时我们缺乏经验，根本不知道如何应对；有时我们脑筋转不过来，想不到最好的办法；有时候我们没有先见之明，错过已经到手的机会；有时候我们急进，在事情尚未明朗前就开始行动，使后果更加严重……

有问题就要解决，不论多难的问题，都有一个或几个关节点。冷静分析，找到这些关节点，用最大的精力攻克这些部分，难题也就解决了一大半，剩下的细节只要有耐心和足够细致，也能很快解决。搞清关节，就是解决问题的关键，让我们尽量少吃苦头。

3. 战胜苦难才能走向成功

比起吃苦，苦难让"苦"的程度又增加几成，像是由灾难痛苦堆积成的猛兽，让人全无招架之力，不够勇敢的人总是想躲开苦难，贪图享受的人从不想承受苦难。很多人在困难面前容易游移不定，他们对人说自己在思考解决的办法，其实是在左右徘徊，不敢向前迈步，不断纠结要不要换个方向。在时机不成熟的时候，回避困难的确是一种策略，但大多数时候，困难需要你迎上去，需要你拿出拼劲，需要你硬碰硬。

理性的父母教育孩子的时候，会特意让孩子多吃苦，就是让孩子提前锻炼抗压能力，以便应付今后更多的苦难。吃一些苦，生命会有更多的经验和感悟，性格也会变得更加沉稳和坚韧，所以，吃苦让生命有了更多的价值，也开辟了更多的可能。当你想要抱怨生活中的苦，一定要牢记：吃得苦中苦，方为人上人。

痛苦来了，幸福还会远吗

　　当我们痛苦的时候，常常希望那些拥有丰富人生经验的老人们能够开导我们，他们的开导或简洁或长篇大论，最后都会变成这样一句话："要相信，一切都会过去。"是的，我们生命中的一切，无论喜怒哀乐都会成为过去，痛苦也是如此，只是它比其他情绪更加长久，也更加难熬，它给我们的感觉不是"能过去"，而是"过不去"。

　　痛苦对于人生有什么样的意义，完全由我们的行动来决定，你战胜了痛苦，超越了自我，取得了成就，痛苦对你来说就是一笔财富，你对它充满感激；你被痛苦压倒，一蹶不振，再也不能翻身，在失意中活上一辈子，痛苦就成了你不幸的源泉，你对它由衷地痛恨。其实这一切都是出于你的选择，痛苦的境遇只是诸多境遇的一种，你没能选择努力，而是选择放弃，怎么能责怪它呢？真正该责怪的是你自己。

　　成熟的核心是什么？对现实的正确评估与对自我的不懈坚持相结合，最直接的表现就是坚定的信念。特别是在面对痛苦的时候，信念是最重要的，它能够支撑起一个人的心灵，让他相信一切都会过去。只要坚持住，总有看到曙光的一天，在那之前，你不能先倒在黑暗里。也许有人认为战胜痛苦只是少数人的事，其实，绝大多数的人都在与痛苦对抗，能在小处战胜痛苦的人，在大处也一样，只需要再加把劲。

老郑白手起家开了一家工厂，在过去的十几年，他很风光，生意做得很大。但从去年开始，他没能挡住同行们的恶意竞争，宣告破产。这一天，他看着空荡荡的厂房，想到自己一生的事业就这样付诸东流，心头一阵悲凉，他简直想要走上最高的楼结束自己的一生。这时候，一个清洁工走进厂房，老郑问："厂子今天已经倒闭了，你为什么还要干活？"

"因为我的工资拿到今天，所以我要把今天的活干完。"清洁工说着开始打扫。

老郑注视着这个清洁工，动情地说："我记得你，我刚开厂子的时候聘请你当这里的清洁工。我真失败，现在所有的机器都被拉去抵债，什么都没有了。"

清洁工说："是啊，当年我应聘的时候，这里只是一间空房，后来有了各种各样的机器。"

"是啊，当年这里也什么都没有。"说到这儿，老郑突然想开了，当年的自己也曾经一无所有，不就是靠着自己的头脑和勤劳一点一点成就了事业？为什么不可以再来一次？

"我相信这里今后会有很多机器，到时候欢迎你来这里应聘。"老郑郑重地对清洁工说。

在清洁工的眼里，一无所有是过去，老板的成就是过去，老板的失败也会成为过去。受这种达观心态的影响，破产的老郑重新恢复了斗志与自信。有时候鼓起勇气只是一瞬间的事，不需要太多理由，只需要一个信念。痛苦不能将有理想的人压倒，他们看到的是未来，而不是即将成为过去的现在，即使现在，他们失败了、消沉了，也不代表日后仍然失败消沉。

面对痛苦，可以用自己的努力改变心态、改变环境，信念不只是一个想法，而要经得起现实的打击和考验。信念可以简单，但要有足够的力度和强度，帮你对抗压力。"一切都会过去"就是一个无比现实也无比实用的信念，它既有哲学上的意义，又能指导你的行动，让你相信痛苦总有解脱的一天。那么如何让一切成为过去？

1. 接受现实

不论是痛苦还是失败，已经存在的事你不能更改，不要徒劳地想要回到过去，也不要总是幻想过去的种种可能，接受现实是你唯一能做的，也是你必须做的。

接受现实的过程是艰难的，但一旦接受，心理上就会产生一种"痛苦抗体"，让自己接受痛苦的能力越变越强，能够经受更多的打击。我们还需要接受的是，人生就是一个不断对抗打击的过程，如此，你才不会因那些突如其来的痛苦陷入绝望。

2. 肯定自我

在面对痛苦的时候，你要相信自己、肯定自己。要相信自己有克服痛苦的能力，要相信自己已经拥有的幸福，要相信你生活中的一切事物，还有对未来的希望。

懂得肯定自我才能拥有平静的心态，因为知道自己能够经受什么、如何克服困难，一切虽然有混乱，却还在掌握之中，这是对生命的强大自信。有这种自信的人，在任何时候都不会失态，他们牢牢地把握着自己的人生。

3. 保持达观

人生无法预测，面对那些不可知的痛苦，保持达观是最好的应对心态。

要知道每个人都会经历痛苦，也要相信痛苦之后还会有欢乐。万事万物都有两面性，看得开的人才能过得好。达观，让人能在痛苦中忍耐，在幸福中自省，时刻保持清醒和积极。

成熟的人会把自己的痛苦与成功统统放在过去。把痛苦放在过去，告诉自己那都是昨天的事，明天的太阳依然是新的，就能恢复自信；把成功放在过去，告诉自己那些是曾经的辉煌，不代表明天还能持续，就能保持谦虚谨慎的态度。一切都会过去，但当一切成为过去时，你留下的是痛苦的回忆，还是苦尽甘来的自豪感，都在于你现在的选择、现在的坚持。

第七章
此处心安，便是幸福

烦恼的时候，点燃一炷香，好像心里就生起了炉火，暖暖的，那是心的向往，也是心的幽香。寂寂地与轻烟对视，就给了自己一个美妙的幻想，一个暖暖的心安。

世上本无事，庸人自扰之

"烦"是现代人标志性口头禅之一，我们每天都能在各种场合听到这个字。在因红灯暂停的公车上，不止一个人说着"烦死了，这么慢，迟到了怎么办"；在人头攒动的餐厅里，有人一边打电话一边露出不耐烦的神情，只差拿筷子敲盘子；在堆满文件的办公室，很多人神经高度紧张，以厌倦的神色加班到深夜……他们脸上的疲惫和厌倦让他们没有力气找人吐苦水，只能变成嘴边无奈的一个字：烦。

人生的烦恼无穷无尽，从出生那一刻，就要为生存烦恼；长大后，学习、恋爱、工作都伴随着大大小小的烦恼，没有人能说自己没烦恼，只能说烦恼有大有小，心态有坏有好。即使有再好的心态，也经不住日复一日单调烦躁的生活，而且有时候自己想要寻找一块清静的地方，寻觅一点悠闲的情致，却发现自己没有那份闲暇，需要解决的烦恼那么多，根本没有闲情逸致存放的地方。

唐朝时，名将郭子仪是平定安史之乱的大将，也是皇帝倚重的股肱之臣，他为人低调，与朝臣们关系良好，从不招惹是非。他知道古往今来劳苦功高的大臣很容易引起皇帝的疑心，所以做起事来小心翼翼，从不抢风头。不过，自从他的儿子郭暧娶了皇帝的女儿升平公主，他便觉得日子不太好过。

皇帝的公主金枝玉叶，难免脾气刁蛮。郭暧也是个有脾气的人，常和公主发生争吵。有一次，郭暧喝醉了，又和公主吵了起来，还打了公主一巴掌，并且嚷嚷："你的父亲是皇上有什么了不起？如果没有我的父亲，还不知道他能不能当这个皇上！"这件事很快在朝廷上传开了。

郭子仪听了吓得不轻，他心想，这件事如果被别有用心的人拿去做文章，岂不是要被扣个"谋反"的帽子？他连忙将郭暧绑了起来送给皇帝发落。皇帝却说："不痴不聋，不做阿翁，小孩子们闺房里打架，怎么能当真呢？"郭子仪虚惊一场，不禁感叹皇帝的大度。

对于郭子仪来说，最烦恼的事就是皇帝因为郭暧的话对自己起疑心。他的烦恼不是没有道理，古往今来，多少疑心重的皇帝因为臣子的一句戏言、一句气话而导致内心不安，不得不夺走臣子的身家性命。不过，比起烦恼，郭子仪更重视的是如何解决烦恼。与其战战兢兢地担忧，不如赶快做点什么，使事情往好的方向发展。世间最烦恼的不是那些事情众多却能妥善应对的聪明人，而是那些事情不多却不知道如何处理的庸人。

世上本无事，庸人自扰之，如果用理性的眼光看待一切，就会发现很多事情并没有那么复杂，至少不会到让人心烦意乱的程度。多数时候，你采取装聋作哑的方法，烦恼自然而然就会消散，而那些没法消散的，你烦恼也没用，何必自己苦了自己？在生活中，要能够辨别什么样的事值得烦恼、什么样的事根本无须烦恼，例如下面这些事，千万不要为它们伤脑筋：

1. 无法更改的事

如果事情已经有了决定性的结论，不论结果对你来说是不幸还是郁闷，是好还是坏，它都已经成了一个再也不能更改的事实，你能做的只有尽量消化和接受。因为不论你做再多的努力，投入再多的感情，也是做无用功，根本不能给你带来任何实际益处。

和无法更改的事较劲儿就是做蠢事，还不如赶快想想下一步该怎么做，不要为无法更改的事烦恼，那只会让你的心情越来越糟糕。

2. 芝麻绿豆大的小事

一个人是否整天都生活在烦恼中，也和他的心胸有直接关系，他人给你带来的麻烦有时很不起眼，如果你连别人踩你一脚都要唠叨，别人说你一句都要气上半天，你的生活还有什么快乐可言？对那些芝麻绿豆大点的小事，能放则放，一笑了之是最好的。计较那些不值一提的事，只能显得你太看不开，小心眼儿。

3. 和你无关的、别人的私事

有时候人们的烦恼并不是因为自己，而是因为他人的状况，如果对方是与你亲近的人，你的烦恼还可以理解，如果是根本与你无关的人，你长吁短叹就太过多愁善感。他人的烦恼，他人会自己解决，你再烦也使不上力。何况，他人也许只是抱怨几句，实际情况并没有那么糟，你想都不想就开始为对方着急，未免太过劳心。如果涉及别人的私事，你烦起来还会有越权的嫌疑。

4. 真假难辨的事

有些事传来传去，谁也不知道真假，比如说办公室传出小道消息要裁员，你为此饭都吃不下去。但这件事是真是假无法考证，你还没得到确切消息就开始烦恼，未免杞人忧天。何况，就算真的裁员，你确定裁下去的一定是你吗？

成熟的人会以一颗平常心对待生活，即使遇到烦恼，他们首先想到的是冷静，他们把烦恼局限在一定范围内，坚决不人为地增多。处理烦恼需要智慧，也许每天都有意外让你头疼，但至少你要告诉自己：烦恼已经够多了，千万别再自己找来添乱。

放飞心灵，自在旅行

　　面对烦恼，心态很重要。但是，有时候，再好的心态也无法承受接连不断地冲击和折磨。聪明一点的人都知道不要去自寻烦恼，人生在世，谁不想潇潇洒洒、快快乐乐？有时候，不是自己去找烦恼，而是烦恼就在面前堆着，推也推不倒，绕也绕不过。想要告诉自己不去想，却发现衣食住行样样都是烦恼，没有办法不看到、不想到。

　　特别是现代人，烦恼更是无以计数。现代人对自己的生存状态有很清醒的认识，竞争激烈，稍不小心就会被打败，时时小心就很难心平气和。想要过得逍遥自在一点，奈何生存压力太大。现代人的烦恼多半来自生存压力和环境压力，时刻存在的紧迫感让他们只能急匆匆地来来去去，当好心情越来越少，能够调整心理状态的机会也就越来越少，烦恼逐渐挤压过来，再也无法摆脱。

　　对待压力，成熟的人多数时候选择承受、消化，少数情况会选择回避。比起那些整天烦恼的人，他们明白压力是无法避免的，想要生存就要面对压力。何况，有压力就有动力，压力来的地方都和成功目的地有关，既然想要有一番作为，就要首先承担起巨大的压力，他们甚至认为这很公平。也许就是这样的认识，让他们逐渐有了良好的抗压心态，由压力衍生的那些变化、突发的紧急情况，都不能扰乱他们稳重的步伐。

进入新公司后，胡先生的生活可以用"诸事不顺"形容，工作上，他的下属不愿意配合他的步调，甚至和他公开唱反调。上司们对他持观望态度，很少发表评价，他也摸不准领导者的心理，做事越发小心翼翼。从前看上去贤惠的妻子突然多了很多毛病，变得唠唠叨叨，整天问东问西，让他烦上加烦。一直支持他的父母突然变成了"成功学家"，每件事都要过问，都要提出意见，教导他应该如何做。胡先生甚至想去算算命，是不是这个工作和自己犯冲？

　　一天，他和妻子发生了激烈的争吵，他怪妻子不体谅自己的烦恼。妻子说："你到底是怎么回事？自从换了新工作，你每天都不给人好脸色，以前问你什么，你都很有耐心，现在还没等开口你就先说烦！以前你遇到什么事都找爸爸妈妈商量，现在你根本不尊重他们的意见！"听了妻子一席话，胡先生才发现原来"不顺"的原因不在他人身上，他人没什么改变，变的是自己的心情。工作带来的烦躁影响了他处理人际关系的耐心，这烦躁来自换工作后巨大的心理压力，如果不能及时克服，只会让自己的情绪越来越糟。

　　"烦恼"这句话常常和"糟糕"联系在一起，就像故事中的胡先生，他的糟糕来自工作、生活中遇到的烦恼，烦恼来自工作、生活的不顺利，追本溯源，所有"糟糕"的原因都来自心理上无法排解的压力。最糟糕的是，这样的人一般察觉不到自己的问题，而把问题统统想成外界的、他人的，于是他们的处境越来越不顺利。

　　一个人的心情也分恶性循环和良性循环，像胡先生这样"压力—烦恼—更大压力—更多烦恼"就属于恶性循环。如果能在压力产生之初看开一点，积极寻找解决问题的方法，合理排解心情，压力的分量就会减轻，烦恼就会变少，就能使人更有干劲，解决更多的事，这样就形成了一个良性循环。每个头脑聪明的人都应该按照以下方法保持这种良性循环：

1. 合理的饮食和作息

爱惜自己要从生理做起。身体是革命的本钱，心情上的问题和生理是否良好息息相关。拥有合理的饮食习惯、按照正常时间起床睡觉，看起来和心情没有什么关系，却能让身体维持一种健康的状态，至少让疾病和亚健康远离你，不会在生理上给你带来新麻烦，而且也能抵抗焦虑，让心理不那么紧张。

2. 适当地运动

运动的好处很多：能够保持身体的健康、提高免疫力、健美身形、防止肥胖……最重要的是，越来越多的现代人喜欢待在家里，不出去呼吸新鲜空气，一个人憋在狭小的空间，很容易想东想西，不是麻烦的事也被想成麻烦。如果能出去运动一下，既锻炼了身体，又在劳累中享受到"焕然一新"的充实感，真可谓是一件一举两得的好事。

3. 陶冶身心的业余爱好

闲暇时间，与其为烦恼伤身，不如培养自己的爱好，不论是听音乐还是烤面包，那些让你觉得有趣又有成就感的事都能让你察觉到生活本身的美好，从而使你在业余爱好中发掘很多乐趣，那些一直压在自己身上的烦恼也能暂时放在一边。和你得到的欢乐与笑声相比，烦恼是件不受欢迎的事，你会觉得在同样的时间内做喜欢的事比想讨厌的事要划算得多。

4. 旅行

如果压力太大，打扰到正常生活，建议你给自己放一个假，来一次长途和短途的旅行。选那些风景优美的地方，因为自然是舒缓身心的最好去处。旅行不但可以让你看到秀丽的景色，还能够接触到风土人情，经历那些陌生的事物，这都能让你重新燃起对生活的热情。

压力大的时候，要学会自我排解、自我减压，不要眼睁睁地看着烦恼压下来，而要撑起自己的"防护罩"，将它们挡回去。要相信，烦恼都是暂时的，压力总有解决的办法。

幸福，其实是心灵的满足

社会学家曾经调查过人们普遍的烦躁情绪来自何方，其中，"欲望得不到满足"是最重要的一项。欲望是人生的原动力之一，每个人都有，这没有什么不对，但太过看重欲望的人难免遗忘生活本身的多面性，把满足欲望看作成功的唯一标准，把一切事都围绕这个标准来衡量，心态难免变得浮躁，表现为现代人脸上越来越多的不耐烦与不满足。

浮躁，让人的幸福感不断降低。人的幸福感完全是一个心理状态，你觉得满足，你就是幸福的，即使粗茶淡饭也能甘之如饴。一旦心灵产生空洞，看什么都不满意，即使锦衣玉食也会觉得空虚。浮躁的心态让人们习惯以否定的眼光看待一切，对一切挑挑拣拣，他们对生活有很高的要求，但即使达到了这个要求，他们也不会满足，还盯着更高的地方，完全不想想自己的能力。

浮躁，让人越来越贪婪。浮躁还有一个表现就是贪婪，浮躁的人恨不得抓住什么成绩来证明自己，抓住一切可能炫耀自己，这种贪婪是心理上对成功的追求，生活中对物质的追求，还有人际上对赞美的追求。他们只希望自己得到的再多点儿，更多点儿，但生活给他们的往往只有"一点点"，这让他们永远无法得到满足。

现代社会，修炼自身的内涵就是同时在提高自身的素质，抑制浮躁是其中重要一环。不论是贪婪还是抑郁，浮躁带来的负面影响都限制了人们的发展，摆脱这种桎梏，关注生命更本源的东西，首先要做的是戒贪戒躁。

一个农民和一个商人一起赶路回家，在一座山里他们发现了一堆别人丢弃的羊毛和布匹。商人连忙捡起羊毛和布匹背在身上，农民背起羊毛，觉得太重不利于赶路，就捡起了一些布匹。

过了一个山头，他们看到有人丢掉了一些银质餐具，农民便扔掉布匹捡了一些银质餐具，商人身上的羊毛太重无法弯腰，但他还是捡了一些餐具放在羊毛上。

两个人继续赶路，突然一场大雨降临，商人因为负重太多不断摔倒。当他回到家里，不但羊毛全都被雨水弄脏，布匹花得不能贩卖，那些餐具也不知去向，他还因为淋雨得了一场重病。而农民快步回到家中，卖掉银质餐具，过上了富裕的生活。

每个人的生活都是一个从需求到满足的过程，需求和满足对等，就会觉得自己是一个幸福的人；需求和满足差距悬殊，或者这个人的能力有限、运气不好，以致需求常常得不到相应的满足，就会觉得自己是个不幸的人，或者他的欲望太多，需求从来没有得到过满足。就像故事中的两个人，商人只注重满足，根本不考虑自己需要多少、能承受多少，而农民按需而求，才过上了富裕生活。

在这个故事中，商人抓着越来越多的东西，而农民只要他认为最贵重的。看起来，农民得到的少，实际上，他的日子比商人更幸福。那么，远离不切实际的欲望有没有什么秘诀？如何才能让自己更踏实？

1. 正确评估自己的能力

每个人都有很多需求，不论是实际需求还是幻想中的需求，都可能成为追求。但是，想要满足需求首先要具备一定的能力，不论是动手能力还是动脑能力，都要能保证你的追求，成功率比失败率高，否则，你就是在追求一些根本不符合现状的奢侈品。这种东西一旦变多，你就连现在的生活都过不好。对自己有一个清醒的认识，先追求那些和自己的能力、现状相符的东西，然后才是更高的目标。

2. 以踏实的心态度过每一天

浮躁的人常常觉得自己悬浮在空中，眼睛里看到的都是云彩，摸到的也是空的，脚下踩的不知是什么东西，随时可能踏空。这样一天一天过去，除了欲望有增无减，生活却越来越无力乏味。而那些脚踏实地的人，脚下踩着自己的一亩三分地，眼睛看着自己的目标，手里拿着自己的收获，即使有烦恼，也在实实在在的生活中得到了安慰，这就是浮躁与踏实的区别。

3. 志向要远大，行动要踏实

整天做梦的人有很多雄心壮志，越是有雄心，就越是看不上生活中的那些小事，觉得以自己的大才华，做这些事未免委屈了自己。日子一长，肯在小事上用心的人都开始做大事，而天天想做大事的人只剩下雄心壮志，连小事都没做好。

好高骛远也是一种浮躁心态,有这种心态的人每天处于"怀才不遇"的烦躁状态,导致他们看着手边的小事越来越不顺眼,慢慢地,连这些小事都再也做不好。而一个踏实的人能知道小事是大事的基础,小成功能够带动大成功。

心灵上的满足需要有一份平和踏实的心态,否则即使得到了什么成绩,也觉得不值一提,仍旧为还没实现的"理想"烦恼。与其为那些远在天边的东西彻夜不眠,不如放下浮躁,在自己的方向上迈出一步,哪怕是一小步。

通往明天的道路,就在当下

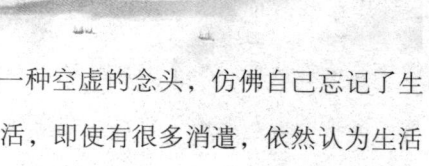

一些人的生活太过热闹,就会产生一种空虚的念头,仿佛自己忘记了生活的本质,过着根本不是自己想要的生活,即使有很多消遣,依然认为生活其实不该如此。但真正的生活究竟是什么样子?他们又说不明白。如果非要说个所以然,他们思索半晌都会说:"就像当初那个样子"、"就像年轻时那个样子"、"像我想象中那个样子"……

那么,究竟什么是"当初"、"年轻"、"想象"?提炼一下,就是充满热情、充满想象、充满对未来的干劲,而不是整天想着琐碎的烦心事,每天做着麻木重复的动作,每天都在面对自己厌烦的事。而产生这种厌烦的最重要原因是对明日的失落感,想到今天如此无聊、如此郁闷,明天也不得不如此,突然就会对未来失去兴致。

　　想要明天更加美好，抱怨今日是没有用的，珍惜今日才是最要紧的事。你想要的明天都在今日孕育，今天你朝气蓬勃，对什么事都积极主动，明天你就可能有所收获，觉得自己朝理想又更迈进一步。明日是目标，如何走，是不是走在想要的方向上却只能看今日，你耽误了多少个今天，就耽误了多少个明天；抓住多少个当下，就抓住多少种可能。

　　一位青年作家经过几年的积累，发表了很多作品，然后推出了一部长篇小说一炮而红，成了当年最畅销的文学读本之一。他也被突来的巨大成功冲昏了头脑，整天沉浸在他人的夸奖之中，"少年得志"、"不可限量"、"文坛新星"等称呼接踵而来。作家今天接受电台采访，明天参加作品签售，被"粉丝"前呼后拥，好不风光。

　　一年后，作家突然厌烦了这种生活，因为越来越多的人给他留言，说他的作品不如从前，根本没能超越自己，甚至出现了退步。作家预感如果这种情况继续下去，他的"粉丝"和名气会迅速流失。他说不清自己的心情，只好向一直尊敬的一位老作家请教。

　　老作家说："你想一想，用一年的时间写一本自己想要的书，和写出几本书赚了很多版税、得到读者称赞，哪个更让你高兴？"作家思考半晌，回答说："当然是写书更让我高兴。""那么你不应该为一时的光环耽误写作，如果不能抓紧时间充实自己，很快你就会被淘汰。"

　　青年作家听了老作家的话，从此谢绝了一切采访和活动，潜心读书写作，他出的书并不多，但每次出书都能给人带来惊喜，那些曾经不看好他的人也不得不承认，他是个真正的作家。

每个人都明白"珍惜当下"的道理，但人们对"当下"的理解大多有所偏差。例如故事中的青年作家，曾经，他认为当下就应该是出名的风光、"粉丝"的拥护、出版一本又一本书，等到他发现这种生活并不是自己想要的时，才明白真正的当下是耕耘、是努力、是杜绝杂念一心一意做自己的事业。人们理解的当下是享受，但真正的当下应该是付出。

对有心人来说，当下应该包括这些方面：你正在做的事、你所在的环境、你所接触的人，而所谓的"珍惜当下"，就是尽量做好正在做的事，尽量从现在的环境中学习经验，尽量与接触的人友好相处，这些事都值得你去付出，而不是匆匆忙忙地想做更伟大的事、盯着更好的环境、接触更有名的人。要知道你的一切来自当下的付出，而不是不切实际的明天。那么，如何能够认真地接纳当下？

1. 用心体会当下

真正的快乐不是来自对未来的憧憬，而是来自今日的生活，憧憬再美好也是虚的，只有生活才是实实在在的。当下有很多事值得你去体会，例如生活中出现的乐趣与问题、与人相处时的喜怒哀乐、事业上每一次进步和挫折，不论是好是坏，都是你生命历程中的一部分。想要成为一个充实而快乐的人，必须紧紧握住当下。

2. 在当下提炼智慧

人生的智慧来自哪里？答案是当下。今天，你努力学习课本知识，牢记每一个知识点，举一反三地做了很多习题，还向老师问了一些扩展性问题，看上去只是勤奋好学。但是，明天它也许就变成了试卷上满分的成绩，后天它也许就变成了面试时恰巧询问的考题，大后天也许就成了工作中大家都在挠头的难题。

智慧需要在当下提炼，当下，是一本没有声音的教科书，只要你努力阅读，并且把成功与失败一一记在心里，明日就会成为你高人一筹的资本。

3. 为明日做打算

所有的当下都是为了明天。我们努力地活在当下，为的是能有美好的明天，对一个人来说，一份切实的理想、一份可行的计划和当下的努力一样重要。理想能让人更有面对困难的勇气，计划让人拥有更高的效率，人生不是单行道，但提前确定好方向，减少绕道的时间，可以让你的生命更加轻松。

人生就像一张存折，想要得到明天的财富，今天要做的就是存款，如果透支了今天，明天迎接你的只有赤字和债务。要保证自己的一切都有意义，就要珍惜当下的每分每秒，这样才能向着明天迈出坚实的一步。

一箪食，一瓢饮，足矣

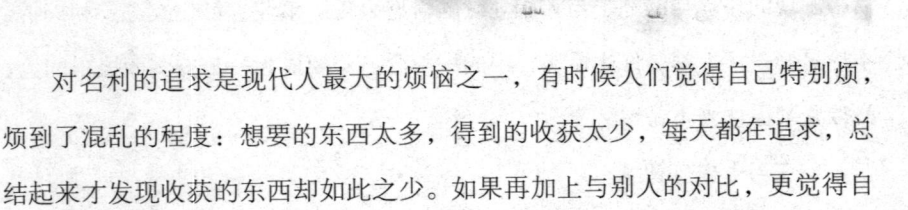

对名利的追求是现代人最大的烦恼之一，有时候人们觉得自己特别烦，烦到了混乱的程度：想要的东西太多，得到的收获太少，每天都在追求，总结起来才发现收获的东西却如此之少。如果再加上与别人的对比，更觉得自己像是做了无用功，那些付出变得毫无意义，仅仅是为填饱肚子混上一口饭，继而无休止地抱怨，就习惯了凡事都不知感恩，只觉得自己亏损严重。

然而，当他们获得什么的时候，这种焦虑没有缓解，反而更加严重，因为他们不论取得多大的成绩，得到多大的好处，都会觉得太少。不知不觉中，他们已经变得贪心，以贪婪的眼光看待一切，以功利的标准衡量一切，甚至把物质当作生活的全部，认为只有名气和金钱才是最重要的，其余都是纸上谈兵，不值一提。

我们要知道，名利最能搅乱人的心灵，让人的生活不复平静，所以，我们应追求与自己的生活、能力相符的名与利，不会贪心地要那些自己的能力承受不起的东西。我们应相信循序渐进，只要踏实，得到的东西自然会越来越多。

古时候，一个皇帝想要寻找一个品德高尚又有能力的人做宰相，但他不知该如何选拔。想了很久，皇帝终于想出了一个好主意。

这一年年底的时候，皇帝派太监传旨给几个劳苦功高的大臣，说皇帝知道他们的辛苦，想要趁着年底奖励他们，请他们去皇宫仓库里随意拿赏赐。大臣们兴高采烈地随着太监进宫，太监给每人一个麻袋，告诉他们拿多少都可以，皇帝不会过问，然后走出仓库。

大臣们看到满库的财宝和布匹，不禁心花怒放，他们将绫罗绸缎和金银珠宝塞满麻袋，还不忘在袖子里、口袋里塞进金子，有人还把绸缎缠在腰上。只有一个大臣选了两匹布、几个精致的摆件就走出仓库。后来，这个大臣被提拔为宰相。

太过贪心的人总想一口气吃成个胖子，不过，就算真要变成胖子，也要看看有没有那么大的胃和那么强的吸收能力。而且，在选择宰相这个关口奖赏大臣，皇帝的用意很明显，几位大臣显然被贪欲冲昏了头脑，以致无法正确分析形势。

现代社会，人们追求物质生活，多数人都忘记了节制的存在。而真正有城府的人明白对名利的追求只是人生追求的一部分，如果让它占据了所有时间，人生就会相应变得狭隘，所以，他们更愿意把追求定在一定范围内。见好就收也是一种境界，能够及时克制自己欲望的人，烦恼总会比别人少得多。那么，如何在生活中做到这一点？

1. 合乎实际的生活要求

一个人的生活只有讲求实际，才有可能越过越好，如果总是盯着那些远远高于自己能力的享受，只会因现实与幻想的落差而烦恼。古代有一个叫颜回的人，他的生活要求是：一箪食，一瓢饮，在陋巷。他的境界是"人不堪其忧，回也不改其乐"。只需要满足最基本的吃住就能快乐。我们对生活的要求不可能像圣人那样简单，思想也达不到那样的高度，但至少不要整天幻想着电视剧里的那些豪宅大院、珍馐御膳，这样才能在平凡的生活中得到切实的快乐。

2. 合乎能力的事业追求

事业追求是人生追求的重要部分，对多数人来说，也许是最重要的部分。人们总是觉得理想越大越好，其实，事业上的追求越切合能力，越容易做出成绩。

不必总是盯着那些热门工作和高薪工作，那些工作虽好，却未必适合你，也许那些不引人注目的冷门工作更能让你潜下心来钻研。而且，随着能力的不断提高，你的事业可以逐步扩大，所以在一开始的时候，还是要选择最适合自己的，而不是看着最好的。

3. 检查生活中的缺失，追求全面发展

当人们为金钱绞尽脑汁的时候，所有的时间和精力都扑在事业上，不知不觉就忽略了很多东西，如感情、娱乐、健康。如果获得名利必须以牺牲其他方面为代价，至少要保证这个代价在你的承受范围之内，不要为了名利让自己失去一切。如果是这样的话，即使有了名利，也会觉得生活疲惫不堪、烦恼不断。

人往高处走，但这个"高"不是靠名利堆起来的，我们应注重个人的全面发展，在任何方面都追求一种均衡、一种满足，而不是过犹不及，这样我们既可以有很好的世俗生活，也可以很精神化，追求高远的精神享受。

不恋过去，不畏将来

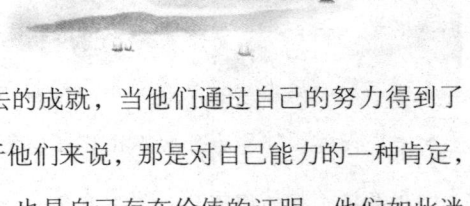

人们有一种恋旧心理，迷恋过去的成就，当他们通过自己的努力得到了什么，就很难从心理上放下它。对于他们来说，那是对自己能力的一种肯定，是自信的来源，是通向未来的资本，也是自己存在价值的证明。他们如此迷恋这些东西，给这些东西上强加了许多额外意义，于是，成绩不再是成绩，而成了一种迷信。他们固执地认为有了这些，明日依旧可以一帆风顺，却没有发现因为这些东西太过沉重，已经减慢了他们迈向明天的脚步。

对于过去，很多人想要忘记遗憾、忘记伤痛，唯独不想忘记曾经的辉煌，因为那是最足以骄傲的部分。他们越是放不下，越会拿过去与现在作对比，想来想去还是过去好，并为今时不如往日烦恼不已。一路走来，他们对过去的收藏越来越多，把大部分时间用来回味，把小部分时间用来计划将来，他们在将来看不到光亮，却总在过去寻找温暖。

对过去的回忆多了，就会成为负累，负累一旦过多，就会造成心灵的超载。超载的主要表现就是很难心平气和，总是觉得生活像一团麻一样乱，不明白过去为何那样顺利。其实，过去未必顺利，只是那时候的你清醒而有热情，看到困难不会大惊小怪，遇到烦恼也不会唉声叹气。现在的你遇到烦恼不是源自过去的理智与活力，而是过去的成绩与回忆，从而导致你对现实不能产生有益作用，让自己越来越心烦。

古时候，一个官差去外地办事，半路上，他丢了自己的马匹，只能徒步行走。

第三天，前方出现一条大河，官差暗自叫苦，他急中生智，在附近村民那里借了一柄斧头，砍伐了一些树木扎成木筏，成功地渡过大河。

前方是一座大山，官差害怕山那边仍然是河，就把木筏扛在肩膀上。山上的老农问他："你为什么要扛着木筏登山？不觉得累吗？"

官差说了自己的理由，老人大笑说："你是不是傻了？登山者要尽量减轻负重，渡河者才需要舟楫，你怎么能扛着这只木筏登山？"

"那你说，前边再有大河怎么办？"官差问。

"前边若有河，可以再想渡河的办法，你背着木筏登山，岂不更加耽误时间？"

对于想要渡河的人，一只木筏就是工具，但对于登山的人，轻装上阵才是最好的选择。不论是背着木筏去登山，还是不用工具就想横渡一条大河，都有些想当然。用一种方法战胜了困难，就以为用这种方法可以战胜一切困难，能够屡试不爽。这种对过去成绩的肯定已经成了迷信，注定要耽误更多的时间。

迷恋过去在半数以上的情况下都会造成人的愚蠢。一个失恋的人如果用过去恋人的标准想找一个一模一样的，一来世界上没有完全相同的人，找到的只有失望；二来就算找到了也不过是过去的替身，说明你一直活在过去，根本没有前进。过去的东西即使再好，也已经过了时效期，不是过时了，就是变质了，总之，都变成了你的负担、烦恼的根源，只有将那些事放下，你才能静下心做事。那么，你必须放下的属于过去的东西是什么？

1. 过去的成绩

每个人都或多或少得到过一些成绩，有些还是足以让人自豪的。但是，过去的成绩不能保证将来你也能获得一样的成绩，如果认为自己已经足够优秀，便开始故步自封，头脑就不能容纳新的东西。为过去的成绩沾沾自喜的人，往往是因为现在混得不好。只有放下过去，把每一次尝试都当作新的开始，才能每一次都全力以赴。成就青睐那些孜孜以求的努力者，而不是那些整天炫耀曾经的停步者。

2. 过去的经验

当我们寻找失败的原因，会发现有时是因为太过缺少经验，以致不懂得如何应对突来的难题；有时却是因为太过依赖经验，根本没有分析出刚刚出现的新问题。

我们遇到的事情不是都像加减法那么简单，不是所有问题都能用一加一等于二这种单线思维解决。世界上没有一条实际经验能让你度过所有考验，过去的经验也许是成功的，但那也是你摸索的一部分，不能当作定理使用，一定要牢记经验是死的，人是活的，活人不能被死经验支配。

3. 过去的执念

对于过去的某些美好事物，人们通常会形成一种执念，认为过去的那些就是最好的，再也找不到那么好的东西。基于这一点，看现在的所有东西都是厌烦的，恨不得一切统统消失，一瞬间回到过去，这种执念严重时会影响到人的价值观和人生选择。

对过去的执念，来自对今日的不满。因为现实不合自己的心意，就在脑子里回忆过去的种种美好，其实过去未必有那么好，当需要一个避难所逃避现实时，过去无疑是最好的选择。过去的什么都是好的，反正回不去，无法考证，索性在假象中不断美化，变得越来越美，直到成为一种幻想。把现实生活和幻想做比较，心理落差当然越来越大。

对成熟的人来说，生命的意义不是回忆过去，不论是过去的成就还是美好。生命的意义在于超越自我，只有那些过不好今天的人，才让自己一直留在过去。当过去已经成为一种负累，不能给你回忆以外的东西，还为你添加了很多烦恼，你应该果断地放下这段过去，人要向前走、向高处走，而过去却是从上游流过身旁的河水，如果你总是转过身子看着它，就再也看不到前面的路。

计较，是因为不够豁达

　　在生活中，烦恼大多来自计较，每个人都有自私的一面，想要保护自己的感情不受伤害，保护自己的利益不受侵害，难免会在得失之间多了许多心思，看看自己是否失去了什么，算算自己的付出到底有没有价值。这种心思一旦扩大，烦恼就会接踵而至。

　　在你挖空心思算自己的付出与自己得到的回报时，有没有算过别人对你的付出？就拿最简单的一日生活来说，你得到了陌生人礼貌地让路，也许他根本没必要这么做；你得到了上司在工作上的指点，而他完全可以让你自己去摸索；你得到了父母充满关怀的电话，而他们完全可以把时间用在游玩上……如果在这样的情况下，你想到的是陌生人多此一举、领导小看你的悟性、父母过于唠叨……连好意都被你看成是干扰，你的生活怎么会不心烦？这种算来算去的心态就是自私。

　　对别人的付出要心存感恩，因为对方完全可以不去那么做，也不一定对所有人都那么做。别人之所以关心你、爱护你，或者是因为他们为人的温和与体贴，或者是因为他们喜欢你、情愿照顾你。对前者感恩，是对一种人格的敬重；对后者感恩，是对一种感情的回报。如果一味地自私，一味地要求别人为你付出，除了计较还是计较，别人也会觉得厌倦和不值得，从而导致想要远离你，不再和完全没有感恩意识的你有什么牵连。

电视台采访一个残疾女孩，这个女孩出生时有一条腿畸形，经过多次治疗都没有改善，一只脚近乎残废。但是，女孩从小品学兼优，以优异的成绩考上重点高中，她还成立了一个专门帮助残疾儿童的义工社团，为那些孤儿院的残疾儿童提供帮助。

记者问女孩，有没有抱怨过命运的不公？为什么会有如此良好的心态？女孩说她不觉得自己缺少什么，也不觉得自己受到了不公对待，她说："我很感谢我的父母，从我小时候开始，他们就无微不至地照顾我；我很感谢我的老师，他们格外留意我，时常鼓励我；我也感谢我的朋友，他们从不轻视我，在日常生活中给我很多帮助……拥有了这些东西，我觉得自己很幸福。"

感恩的人理解那些常常抱怨自己的人，因为他们不快乐，心里有委屈，他们会想想自己有什么地方做得不周到，也会对他人的不幸产生同情心。这样一份温情心态使他们的生活处处透着温暖，也使他们的气场极有亲和力，让身边的人更愿意接近他们。因为在众人都在烦恼的时候，唯有他们像一方净土，看到他们，就明白了什么是生命、什么是生活。

计较不会让你得到什么，只会让你失去得更多。就像故事中的女孩，如果她怨天尤人，那么生命对她来说就是一场折磨，先天折磨加后天折磨，让她看不到生命的意义；不过，若她对身边的事一直存有一份感恩的心态，就不会整天想着让自己烦恼的事，先天条件虽然不好，但总是觉得自己得到了很多东西，生命对她来说就是一种幸福。在生活中，有哪些事我们不该过多计较，以此保持心理上的宁静平和？

1. 计较得失

有些人把成败看作人生的唯一意义，他们只在取得胜利的时候高兴，而不断地失败会让他们心灰意冷，他们会不断比较从前和现在的自己，为一点小小的退步自责不已、寝食难安。自我要求高是好事，但太过苛刻地对待自己，就无法感受得到快乐。

对过去的人生要存一份感恩态度，成长的道路难免风风雨雨，一路上却得到过不少人的帮助与提携，如果你愿意记得好的，过程就比结果更美；如果你时刻不忘坏的，那么连重新开始的勇气都提不起来。有得必有失，有失也必有得，与其计较，不如珍惜。

2. 计较喜怒

有些人喜欢"讲心情"，心情对了，什么事都是光明的、积极的；心情不对，任何事都是灰暗的、消沉的。绝大多数时候，他们的心情不对，少部分人的心情从来没对过。他们经常说"烦，没心情"，什么事也不想做，而让他们没心情的，常常是一些小事。

会有这种状况是因为他们过分计较个人喜怒，把一个微小的情绪无限扩大，在旁人眼里，他们情绪化，有时还很极端。他们可以为一点争执而吵得天翻地覆，也可以为一句恶语哭天抢地，当然，更多的时候，他们只是"好心情全没了"。事实上，这种经不起任何波折，只重情绪不管场合的人，根本不会有什么好心情。

3. 计较利益

生活中，最常让人担心的是金钱，最常让人烦恼的还是金钱，金钱事关生存，有时候不得不计较利益。但是，过分计较蝇头小利，就会使自己只看到利益以及和利益有关的东西，慢慢遗忘生活中还有很多无功利的东西，这种心态就是人们常说的"小市民心态"。

整天计较小利的人会把生活弄得琐碎，在他们看来，生活就是大大小小的金钱兑换品和利益关系网。他们甚至忘了已经得到的利益，更不会因它们产生满足，而只会哀叹失去的那一部分，即使那些利益微不足道。

计较太多使人易老，而感恩却是一种重视当下的状态，所以成熟的人懂得感恩，他们愿意对自己的努力、他人的帮助以及自己的对手心存感激，因为那都是成长的助力。他们也对身边的人宽容和善，营建一个不计较、不怨怒的人际环境。感恩来自理解，感恩来自心中对美好的生活及告别烦恼的向往，感恩就是幸福的开始。

每天给自己补充满满的正能量

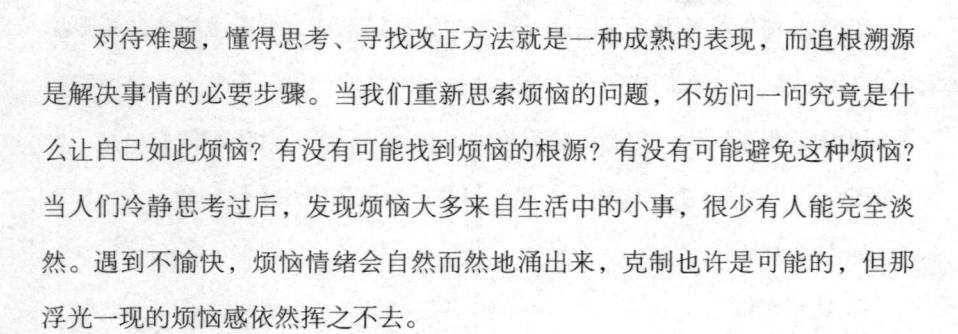

对待难题，懂得思考、寻找改正方法就是一种成熟的表现，而追根溯源是解决事情的必要步骤。当我们重新思索烦恼的问题，不妨问一问究竟是什么让自己如此烦恼？有没有可能找到烦恼的根源？有没有可能避免这种烦恼？当人们冷静思考过后，发现烦恼大多来自生活中的小事，很少有人能完全淡然。遇到不愉快，烦恼情绪会自然而然地涌出来，克制也许是可能的，但那浮光一现的烦恼感依然挥之不去。

懂得了烦恼的根源，我们不妨另辟道路，解决不了根源问题，我们就要找另一个与烦恼对抗的根源，这就是快乐的根源。成熟的人不会整天唉声叹气，他们知道如何调节自己、寻找快乐，人心的大小有限，装的快乐太多，烦恼自然就不能再起主导作用。同样的心灵，为什么一定要装入烦恼？不如多想想那些让自己快乐的事。

快乐是内心的一种明朗而乐观的状态，它的主要表现当然是笑声。如果幽默能在生活中时时处处发挥作用，那么我们的烦恼就会减少一大半。即使少部分的幽默，也会缓解我们焦躁郁闷的心情，让我们觉得生活有很多快乐。即使是烦恼本身，虽无可奈何，也有其荒谬可笑、值得乐观的一面。肯这样想的人，看到烦恼自然而然就会生出调侃心态，让烦恼不再成为烦恼，至少不再让自己不胜其扰。

社区开了一家心理诊所，附近几个小区的居民起初不明白这个诊所为什么存在，大家的精神状况都很正常，谁需要去看心理医生？渐渐地，进诊所的人多了起来，多数人感觉自己处于失眠焦虑状态，想找专业的医生开点药。还有人心中总是充满烦恼，想跟医生倾诉，听听他的意见。医生对病人们说："世界上有一种病叫'烦恼症'，烦恼主要是心境方面的原因，没有药能解决，只能调整自己的心理状态。"

针对社区多数居民的烦恼状况，医生提出了一种"快乐疗法"，这个疗法分两步，首先要搞清楚自己为什么烦恼，是工作压力还是家庭压力？正视它并想办法解决它，然后多多接触快乐的事，例如看幽默的节目、常常参加集体活动、拓展自己的业余爱好，这些事都能起到很好的调节作用，让人心情开朗。经过医生的努力，越来越多的居民开始正视自己的烦恼，主动寻开心、找乐子，社区里的欢笑声越来越多。

现代社会，人们生活得越来越烦，多数人为生活忙碌，却忙得顾不上生活。生活需要笑声，生活在愉快氛围中的人才会拥有开朗积极的心态。倘若一个人早上睁开眼就是柴米油盐，晚上闭上眼还在想工作进度，他的生活本就已经忙碌紧绷到了极点，如果没有欢乐的笑声作为舒缓，他以什么抚慰自己疲惫的身心？

据科学家研究表明，在自然界中，人类与动物的最大区别就是人类具有丰富的表情，其中，笑是最重要的一种。可是，如果你愿意走上大街看看，就会发现满大街的行人没有几个带着笑脸，多数都是麻木的、疲惫的、厌倦的，甚至你自己也是如此。究竟是什么原因使你不再想笑起来？让你不想笑的烦恼有哪些？多想一想，有助于问题的解决。

1. 给烦恼列一个清单，详细分类

把自己的烦恼详细地写在纸上，能想到什么就写什么，然后按照烦恼程度分为"大"、"小"两类。先看小烦恼部分，你会发现你每天都在为公车会不会晚点、超市会不会打折之类的事浪费时间和脑筋。对于这一类的烦恼，你应该尽量告诉自己顺其自然，不要让自己像个琐碎的主妇一样，因为还有许多大烦恼在等着你。

再看大烦恼，多数是与事业、感情、未来、人生有关，只抽出最紧急的部分集中解决，对剩下的部分，用每一天的努力提高自己，如此一来，自然而然也就会解决。通过给烦恼列清单，你会发现大部分烦恼其实根本不用为之烦恼。

2. 清除负面能量

过多的烦恼累积在我们的心灵中，造成了心灵负担过重，诸如抑郁、消沉、自卑、迷茫等情绪不断累积、相互作用，遇到烦恼时变得更加严重。长此以往，这些情绪就变成了心灵上的负面能量，有了强大的影响力，具体表现之一就是让你常常觉得做什么事都没意思、没意义；具体表现之二是你的脸看上去很疲惫，即使笑起来也觉得自己假。

心灵的负面能量累积过多，甚至还会形成心理疾病，所以要时时加以清理，防患于未然。多接触那些积极向上的人、令你开怀大笑的事、多与人交流，也要注意休闲，如此，阴霾会逐步远离你，崭新的生活状态会让你焕发生机。

3. 理性生活，告诉自己平心静气

当现代生活让人疲倦、厌烦，我们需要的是更多的冷静、更多的理智，这样才能分析烦恼、解除痛苦、把握快乐。理性的最主要表现是烦恼出现的时候，我们知道那是必然，要泰然处之；困难出现的时候，我们首先会想办法解决，而不是抱怨；不良情绪出现的时候，我们想到的是立刻去调节，而不是听之任之。

此外，只要我们足够努力，对待不如意的生活所产生的情绪，不论是烦恼抑郁、悔恨愤怒，还是自卑消沉，都会被成功时的开阔兴奋、自豪积极所取代。人生的意义不是被烦恼折磨，而是在烦恼中超脱，追求真正的自我，建立真正的成就。

成熟的人不会认为生活给自己的东西太少，在思维上，他们有应对烦恼的智慧；在心理上，他们有接受烦恼的心胸；在行动上，他们有战胜烦恼的能力。他们珍惜生活，所以愿意平心静气地对待烦恼、思考未来。当别人在为烦恼焦头烂额时，他们已经淡定地处理掉了烦恼，继续平稳地走在自己规划的人生中，不骄不躁，胸有成竹。

第八章
踏着荆棘，不觉痛苦；有泪可落，不是悲凉

绝望，有时候也是一种幸福，因为有所期待所以才会绝望。因为有爱，才会有期待，所以纵使绝望，也是一种幸福，虽然这种幸福有点痛。

山有山的高度，水有水的深度

人活于世，难免会遭遇困境与绝望，绝望时，所有事都激不起自己的好心情，连天空都是灰的，曾经的信念塌了一大半，曾经的激情消磨得所剩无几，想要找希望与机会却提不起力气。在绝望的人看来，所有的道路都被堵死，再也不能通过，人生似乎到此为止，再也没有超越的可能。因绝望而生的消沉情绪淹没了心灵，很少有人能立刻摆脱这种情绪。

人们的绝望首先来自他人的评价，很少有人对自己有清醒而正确的认识，他们需要旁人的佐证，需要旁人的鼓励和安慰。在做出一个判断的时候需要旁人的参考，如果旁人说"不行"，他们即使认为可行，也会心烦气躁，产生"也许真的不行"的这种心理暗示。这时候，他们又会察觉自己深陷困境，这

困境貌似是别人带来的，其实却是一种心理上的自我包围，把别人的话太当一回事，就会产生巨大的压力，在心理和行动上变得懦弱无力，认为自己无法突破这种困境。

但是，困难恰恰是修炼人格的最重要的步骤。困难本身就是一种学习、一种锻炼、一种激发无限潜力的机会。有了困难，首先要有克服困难的决心，也就是胆气与勇气；然后还要有分析困难的头脑，这就让人由粗线条变为细线条；还要锻炼突破困难的能力，无论是计划能力、合作能力还是抗压能力，都能在解决问题的过程中逐步产生和提高。这时候，旁人的非议与评价我们可以当作一种参考意见，而不再是至理名言。

森林里正在举行一场鸟类演唱会，偶像歌手黄莺的高歌让动物们称赞不已，百灵鸟的歌曲也让动物们陶醉。这时，一只猫头鹰飞上枝头，张开嘴开始唱歌，它的叫声尖锐，听上去像是在替死人哭丧，动物们纷纷抗议，让猫头鹰赶快下台。

于是，猫头鹰找到森林之王诉说自己的烦恼。它说，作为鸟类，它没有五彩斑斓的羽毛，也没有娇小动人的体态，它的脸怪模怪样，经常被别的动物嘲笑，现在，连它的声音也成了被嘲讽的对象，因此它对自己的人生有些绝望了。

森林之王说："别人的评价固然重要，但别人的评价不能决定你的价值，你应该开发自己的潜能，才能证明自己的存在。"猫头鹰回家后想了三天三夜，终于明白自己的优势不在外貌和嗓音，而在于敏锐的视力、尖锐的爪子，它努力地捕捉老鼠，成了森林里的捕鼠能手。

如果把自我价值建立在别人的评价上，心灵就会久久不能产生真正的自信，随着他人的评价患得患失，他人称赞的时候，觉得自己无所不能；他人批评的时候，觉得自己一无是处。而这种人也是最容易绝望的，不论是长久地夸奖还是贬低，都会让他们的心灵越来越失衡，前者经不起偶尔的打击，后者长久地沉浸在自卑中。

成熟的人重视他人的评价，却不会让他人的评价决定自己的人生。他们出于尊重而聆听他人的指教，出于礼貌而不去驳斥他人的不公，出于实用而采纳他人的建议，都是建立在自身理性思考的基础上，而不是听风就是雨，更不会因为别人的一句话就否定自己，这是一种强大的心理素质。那么，如何冷静地对待别人的评价？

1. 不能不信

就算我们对自己的条件充满自信，对自己做过的事非常满意，对自己的计划充满期待，但是，站在旁观者的角度，他们可能有另一套看法。这种看法以他们的思维为出发点，不一定全对，也不一定适合我们，但其中注意到的一些问题可能是我们长久以来所忽略的。所以，不要因为他人的声音过于刺耳就采取充耳不闻的态度，那将是自己的一种损失。

2. 不能全信

他人的话毕竟是他人的观点，不一定符合你自己的情况，有时候适用于一个人的办法，并不适用于另一个人。而且所谓的评价毕竟是主观的，就算看上去客观公正，也有不了解情况时的臆测成分，想都不想就全盘接受是一种不愿思考的偷懒表现，长此以往就会丧失判断力和分析力，变得越来越盲从他人。

3. 取其精华，去其糟粕

对他人的意见要采取"取其精华"的态度，那些你认为好的、有道理的，就应该毫不犹豫地拿来借鉴。那些你认为完全不切实际的，则不要予以考虑。还有一部分现在虽然没有用，但今后可能用到，或者现在想不明白，但觉得很有道理的建议，都可以暂时搁置，闲暇的时候拿出来想想，也许会启发你的思路。

4. 不要怀恨

别人对你说的话，不论是评价还是建议，不论是误解还是良言，不可能都合你的心意。有人喜欢说闲话，这种人不要理会；有些人为你着想，提意见，即使让你恼怒也不要怀恨在心，因为对方的出发点是为你好。何况，因为别人的一句话而恼羞成怒，显得你太没风度。

我们生活在他人的话语中，无法避开他人的评价，也无法控制他人的评价。不论他人说的是什么，你可以依此改变自己，让自己越变越好，但不能因此否定自我，变成一个心理上的弱者。真正的成熟是什么？是听所有人说话，忘掉那些没用的，把那些有用的放进心中。

风雨过后，有最美的晴空

对绝望的适应首先来自于忍耐。我们都有负重的经验，当一个巨大沉重的物体压在我们的肩膀上，我们的第一反应是"重死了！背不动！"但一旦放缓动作，放平肩膀，一点一点地适应重量，就渐渐能够协调身体，负重起身和负重行走。如果能保持平衡的姿势和步调，甚至能走很长很远的距离而不会被重量压垮。

人的心理对绝望的承受能力就像负重行走，你越是畏惧它，觉得不可能克服它，它就越是不可战胜。你耐下心来习惯它，它的重量就算没有减轻，也变得可以承受，因为你的心理承受能力正在逐渐增强。培养这种心理上的耐力，会让你轻松自如地应付人生中的很多场合，哪怕是最危险的情况，这种承受力也能显现它的功效，保护你全身而退。

一个人走在大路上，突然看到前方有一只狗熊，他吓得魂飞魄散，想要拔腿就跑。不过他很快便冷静下来，因为他不可能快过一只熊。听人说狗熊不吃死人，他立刻决定直挺挺地躺在地上装死。

狗熊走了过来，他屏住呼吸，狗熊反复闻他的鼻息，像是在确定他究竟是死是活，这个人心里打鼓："完了，它一定发现了，怎么办？"理智一次次提醒他一定要忍耐，他继续装死，祈祷着狗熊赶快走开，可是，狗熊在他旁边绕来绕去，似乎在等他自己跳起来。

"完了，狗熊知道我在装死。"这个人这样想着，但他仍然一动不动，告诉自己，"忍耐一下，再忍耐一下。"这时，"砰"的一声枪响了，狗熊倒在地上。原来路过的猎人发现狗熊在袭击人，连忙举起猎枪。躺在地上的人迅速站起身，他没想到自己会以这种形式获救，心里后怕，却又对自己的理智和耐力充满自豪。

人生不可预测，就算每天都过着循规蹈矩的生活，我们也不能保证明天依然像今天一样安稳，不会突然发生变故。在上述这个故事中，一个手无寸铁的男人遇到一只狗熊，他认为自己死定了，所谓的"装死"不过是垂死挣扎，没想到事情却接连出现转折。就如同我们经常遇到出其不意的事故，让我们陷入绝境，我们也经常在忍耐中等待那些出其不意的转机，直到得救后还觉得难以置信。

在本书中，我们不止一次地强调忍耐的重要性，在绝境中，忍耐就是你的一线生机。多一分钟的忍耐，就可能多一条道路。这条道路可能是思维上的灵光一现，也可能是天降救兵的峰回路转，这些转折谈不上奇迹，只是世事无常的一个表现，但至少能让我们相信人不会一直倒霉，只要忍耐下去，车到山前必有路。那么，如何在困境中保持忍耐？

1. 要安慰自己事情还有转机

人的思维能力是有限制的，我们永远也不可能有一双透视眼把所有事看得清清楚楚，也永远不可能有一个计算机式的大脑把所有情况算得明明白白，所以，在任何时候我们都没理由说："一切都完了，没有希望了。"除非事情的结果已经摆在眼前。

对自己说一切还有转机，可能是因为心中还有筹算，认为还有争取的余地，可能是一种自我安慰，它的核心是不放弃，对于任何事情，只要争取就可能是新的开始，放弃就意味着立刻结束。

2. 想到最坏的可能并做出打算

最绝望的也许并不是绝望本身，而是对事情结果的恐惧，脑中不断设想可能出现的坏结果，越想越糟，越糟越想，那么不如快刀斩乱麻，直接想出最坏的可能。

既然最坏的可能已经被你想到，就可以将其他时间全部省出来，集中思维想一想解决的办法；也许事情不能解决，那么就想想如何降低损失；如果损失不能降低，就干脆想想如何保护自己。在忍耐中，你应该为自己的将来打算，而不是仅仅等待一个时机。

3. 转机出现要立刻把握

只要你耐得住性子，多数难关都会出现转机，但是，转机来得快，去得也快，可能你来不及把握。想要把握转机，事先就要明白什么是转机，然后仔细观察局势的变化，还要有敏捷的应变能力，分析出变化的后果。当你发现转机，哪怕仅有一种可能，都不要迟疑，不要长时间"深思熟虑"，而要立刻行动，要对自己说事情已经最糟了，不会更糟。这样才能克服优柔寡断，抓住来之不易的机会。

4. 不到最后一秒绝不放弃

看过篮球比赛的人大多有这样的经验：最后几秒钟，A 队领先 B 队两到三分，所有人认为胜负已定，没想到 B 队有人在最后一秒投球入篮，扭转了战局。在运动场上，即使是实力悬殊的球队胜负有时也是个悬念，因为拼搏的力量常常能使场上的人创造奇迹，使看台的人看到惊喜，这就是人们面对绝境应该拥有的态度。

越努力，越幸运

一个人倘若有雄心，又敢于行动，失败就是他经常会遇到的事，因为有信心的人有时能力不足，有时被条件限制，有时遇到的时机不对，失败可能以各种形式降临。如果一次失败就打掉了你的信心，两次失败让你成了缩头乌龟，三次失败干脆让你转过身去寻找别的途径，那么你的心态未免太脆弱了，这种情况就是人们说的"输不起"。

一个运动员在赛场上败给另一个人，口头上的认输是一种竞争的风度，也是对对手的尊重。但是，如果这个运动员在心理上也向对方投降，总是认为对方高不可攀，不可能超越，他就会在心理上给自己设立一道藩篱，面对这道藩篱时会充满胆怯和不安。这种心理便很容易让他一次次失败，于是藩篱看上去越来越高，致使他完全在这座"人为高峰"前停下了脚步。

成熟是什么？成熟就是"输得起"。要明白失败不等于认输，失败是事实上的，认输是心理上的。失败了可以由之后的努力补救，认输了只能靠之后的回忆美化。失败不可怕，因为失败是成功之母，没有任何人会永远失败。但认输的人很难得到成功，因为他们已经打心底里承认自己能力不够、运气不够，根本不相信自己还有成功的可能，自然也不愿意全力以赴再去尝试一次。认输，事实上是一种懦弱。

对年轻人来说，从事保险推销是一份艰难的工作，它看似上手快，却需要极强的耐力才能坚持下去，有所成就。很多年轻人走上保险推销的道路后，因为无法忍受一次又一次的拒绝，失败感在心中不断累积，终于选择放弃。

有个中年人失业后在保险公司找到了一份工作，他原本认为以自己的社会经验和人际交往技能能够很快适应这份工作。令他没想到的是，一连一个多月，他没有签下一份保险单，他早出晚归，遇到的都是拒绝和白眼。中年人心灰意冷，想要放弃这份工作。

"没有人一开始就是顺利的。"他的妻子对他说，"既然选择了这份工作，就要努力到最后，再坚持三天吧，就三天。"中年人按照妻子的话继续工作，三天后，他仍然没有签到单子。妻子说："没有积累足够的经验当然会导致失败，再坚持三天，最后三天。"

这一次，中年人成功了，他在第三天顺利地签下了一个客户。第一份保单给他带来了信心，此后他的工作越做越顺利，一年后，他已经成为了一个优秀的保险推销员。

成功的可能存在于你想做的任何一件事上，除去那些太过不切实际的幻想，人做事情的成功率虽有高低之分，但不会是零。你试的次数越多，成功的概率越高。最怕的不是失败，而是自己认输，一旦认输了，就是放弃继续挑战，放弃了成功的可能。故事中的主人公如果没有选择再坚持几天，而是换了工作，就不会取得如此大的成绩。

此外，不要以一种抽奖的心态对待失败，机械地尝试一次又一次，只会换来同样的结果。想要成功需要运用脑子，一次失败了，下一次就不要用同样的方法，而要尝试其他方法，智力和耐力同样重要。那么，怎样培养"输得起"的心态？要从内心深处相信以下几条：

1. 你不比别人聪明，但你比别人努力

人与人的素质有差别，起点也不尽相同，在生活中，一个不自恋、愿意以客观的眼光看待事物的人总能找到别人比自己强的地方，觉得他们离成功更近。不过，也要考虑到他们也许比你年长、比你有经验，而你也有你自己的优势。

即使你不比别人更优秀，你至少拥有一样东西：努力。不断努力能够弥补你和别人的差距。如果你愿意经常向别人请教，多学习别人的经验，这个差距就会越来越小。

2. 你不比别人幸运，但你比别人尝试更多次

有些人运气好，做什么事似乎都能碰到天时、地利、人和，而有些人就差了些运道，即使能力足够、努力足够，机会总是轮不到他们头上，只能看着别人享受成功的喜悦。

运气是个无法捉摸的东西，但是，没有人能背运一辈子。如果一时运气不够，你可以一再尝试，或者主动去争取机会。如果你能让自己万事俱备，不怕有一天东风不来。

3. 你不比别人成功，但你仍在走向成功

清醒的人不会为眼前的小成绩沾沾自喜，因为在同一领域，以同样的条件，总有人做得比你更好、更出色，这个时候即使自卑也无济于事，或者说多此一举。值得庆幸的是你得到了成绩，而且仍在不断地完善自己，以后还会得到更多的成绩，只要你坚持下去，你的成功未必比其他人差。

成熟的人面对失败能看得开，他们输得起，才能赢得干脆，失败给人警

醒和经验，成功给人惊喜和信心。失败的时候说服自己提起勇气再试一次，就得到了下一次的机会，只有有"再试一次"的心态，才会锲而不舍，才不会一事无成。

转个弯，绕过绝望

  人们的绝望常常来自于自身所处的境地，绝望的人认为前后左右都没有光明，没有任何一种脱困的可能。越是这么想，他们越是消极，越是不愿意行动，甚至在心理上已经对境况投降，只想赶快了结，认为即使是失败也好过这种不进不退的煎熬。一旦有了这种思维，头脑就会僵化，身体也会随之降低感应度，再也无法脱离困境。

  绝望的处境最让人煎熬的其实是心理上的死角，总是想不开，也就只能在一个角落里憋着，如果这时有人"旁观者清"，给你指一条明路，困难就会迎刃而解，接下来的路也会走得得心应手。不过，我们身边通常没有这么一个旁观者，绝大多数时候，我们自己要对困境有一个"旁观心态"，自己改变思维模式，从绝境中走出来。

  成熟的人就有这种"旁观心态"，他们不愿钻牛角尖，不会让心思都在一个角落里。这就像一团乱麻必须解开，你却只在一个地方下功夫，如果入手的地方不对，你永远别想解开，但如果能从整体上观察这团乱麻，找出一条线头，这个工作就会变得轻松许多。灵活的思维就是要全面地思考，寻找这个解决问题的"线头",而不是和绝境始终纠缠着,直到它缠得你喘不过气。

古代有个负责进谏的老大臣,个性正直,敢于言事,经常上奏折批评皇帝的错误。有一次,他写了一个奏折批评朝廷的腐败,皇帝没有理会。没办法,大臣只好在早朝的时候提起这件事。皇帝听了大怒,命人拿了两张纸条贴在老大臣嘴巴上,并说:"谁也不许给他求情,就让他这么站着吧!"

嘴巴被封上,老大臣不能吃饭,不能喝水,等于判了死罪。一些大臣想要求情,看到皇帝的脸色,想到他的反复无常,都不敢贸然上前。这时,一个年轻的大臣气冲冲地走到老大臣面前,一巴掌打在他脸上,大叫道:"你这个不识好歹的老东西,活该你落到这样的下场!"说着抡起手又是一个巴掌。满朝文武吓了一跳。年轻大臣的几个巴掌下去,老大臣嘴上贴的纸条被打落,原来他是想要用这种方法救老大臣。皇帝知道他的用意,但也不好说什么,只能让事情不了了之。

老大臣被皇帝用刁钻的方法判了死刑,另一位大臣立刻用更刁钻的方法解除了这个死刑,还没有得罪皇帝。可见即使是做同样一件事,考虑事物的角度不同,着手处不同,有人能把事情解决得非常漂亮,有人却只能干瞪眼,不知如何是好。这就是在同样环境下,有人一路高升,有人始终在拿同样薪水的原因。

做人要学会聪明,而不是一味傻干蛮干,想事情要灵活,办事情才能更仔细、更全面,也更容易取得成功。特别是遇到绝境的时候,不能迅速开动脑筋,转化自己的思维以险中求胜,而是选择等待、做无用功,这样的人除非运气超好，否则根本没有突破绝境的可能。在生活中，我们要有意识地锻炼自己的思维能力，不要等到遇到困难才开始学习。不论思考什么事，都应该多想几步，综合运用下面几项思维方法：

1. 逆向思维

多数人的思维是一条直线，根据眼前的现象，由表及里地想问题，或者根据一些零碎的事实，靠常识推测大概情况。遇到困难的时候，这样的人只会针对困难本身，想到的也都是常规的解决方法，一旦这些方法全部行不通，他们就会陷入无助的状态。

如果你愿意把事物反过来想一想，你就多了一种思维模式。逆向思维最简单的体现莫过于对既定事物的反应，有个很经典的故事，说两个皮鞋推销员到了一个岛国，发现岛上没有人穿鞋，一个立刻就要打道回府，另一个却要立刻投资建厂，因为他发现了大市场。

2. 曲线思维

《水浒》中，景阳冈上有猛虎，武松喝醉了酒，将它打死。有时候绝境就像我们面前的有老虎的山，绝大多数人都没有武松的魄力，也没有武松具有过人的武力，所以面对这只老虎，选择另一条路才是最正确的，这就是绕过困难达到目的的曲线思维。

不偷懒是体现这种思维的关键。不论是思维上还是行动上，谁都知道两点之间直线最短，但没有那么多的直线刚好让你遇到，发现前方行不通的时候，马上换一条路，哪怕要付出更多的时间和精力，也好过在一面南墙下面踱步。

3. 全面思维

越成熟的人越懂得全面思考问题的重要，而单纯的人的思维常常局限在事物的一个方面。每一件事都是复杂的，比我们想象的要复杂得多，想要解决问题必须看到事情的方方面面，将事情的每一个关键点理清，才不会出现思虑不周的现象。全面思维最大的好处是你站得高就看得远，很容易寻找到思维的死角，跨过这个死角，解决问题的方法就会变得更多。

循规蹈矩的人因为肯下功夫，常常取得循规蹈矩的成就，而思维灵活的人做事不按常理出牌，常常能够出奇制胜，取得更大的成就。不是每个人都有这种思维，但至少要有意识地多想想，这种"多想"能够保证你在绝境中多些想法和尝试，而不是一条路走到黑。

今天的风雪，是为了明日的光芒

困境到来的时候，人们最直接的反应是：没希望了。他们最担心的不是现在遭遇的损失，而是害怕连明天都要跟着损失，未来会是一连串的失败。绝望的时候，他们会觉得自己再也没有成功的可能，而之前一再的失败又成了这种想法的证据。他们断定今日的失败意味着明日更大的失败，今日的差距再也无法弥补，只能在明日变得不可逾越。

在这种时候，城府也不能给人多少安慰，因为城府的根底是理性，是实事求是，越是有城府的人越会勇于承认："哦，现在情况真糟。"不过，心中的城府却能为你的未来带来转机，没有人能预言明日的成败，因为谁也不知道明天究竟会发生什么，你怎么知道明天不会有转机？你怎么知道坚持下去你不会有回报？轻易对明天下结论，是一种不自信的表现，一个人在心理上承认失败后，就会对一切产生不自信的念头，甚至开始怀疑自己当初的选择是不是对的，后悔自己没有使用另外一种方法。

此一时，彼一时，今天的失败不意味着明天仍然倒霉。要知道人生是一条起起伏伏的曲线，没有人的运气一直在谷底，除非你愿意一直留在最差的状态，不愿改变。或者说，即使你对今日的困境耿耿于怀，即使你对未来没有任何自信，你也不要停下手边正在做的事，至少不要有放弃的念头，只要坚持下去，总有成功的可能。

一个男人垂头丧气地进了一个酒吧，开了一瓶又一瓶酒，喝得抬不起头。直到酒吧接近打烊，他还没有离开的意思，服务生只好叫来老板。

老板让服务生先走，自己为男人递上一杯醒酒的饮料，关切地问："不知道你发生了什么事，如果不着急回家，你可以跟我说说。"

男人像是找到了知音，开始倾吐自己的心事。原来，男人的事业遭遇了困境，他原本是一家国有企业的员工，有很好的前途，因为积累了经验，就辞了工作，自己开了一家公司。最初两年一切都很顺利，男人也有了一笔积蓄，今年，他投下本钱扩大了公司规模，没想到几个月后就遇到了销售危机。如今他负债累累，不知道明天自己是不是就要破产。

老板说："你的经历和我很相似，当年我也辞掉了一份稳定高薪的工作下海经商，不过我没你那样的运气，你至少有两年好光景，我从一开始就在赔钱。不过，我不认为自己一直会失败，所以一直没放弃，直到五年后终于有了起色。你现在就借酒消愁，是不是太早了？"

没有什么事能一蹴而就，成功更是如此。酒店老板给失败的男人讲述自己的经验，但是，这经验能否对男人起到激励作用，仍然要看男人自己是否接受。如果他认为自己不会有老板的运气，再干15年也不会有成就，那老板的一番话等于白说，男人就是个彻头彻尾的失败者，也根本不想改变眼前的状况。

就算男人相信了老板的说法，愿意以乐观的眼光看待未来，他也要有积极的行动，才能重现老板的成功。因为有过失败的经验，这一次男人会更加仔细、更加小心，也更加懂得盘算和努力，这些都是走向成功的关键。没有人一出生就注定成功，同样地，也没有人一直都在失败。想要做一番大事，就要修炼出以下的素质：

1. 经得起失败

抗压能力是做大事的必要条件，抵抗不了压力的人肯定一事无成。就像大海中的船舶，那些行驶得最远的都经得起风浪，而有些船即使看着好看，即使运货量大，一旦风浪来了，它直接沉没，你说这样的船有什么用？

想要成功的人要经得起颠簸，即使有再大的风浪也会稳稳地掌舵，每一次失败都可能是一次绝境，跨过去，前方就有新的道路出现。如果迟疑着不肯迈步，只能被失败又一次打败。

2. 耐得住寂寞

成功有时需要等待，有时候做大事的人常常觉得自己走在一条羊肠小道上，没有一个同伴，前方随时可能出现危险和此路不通的状况，越往高走，这种感觉越是明显。但是，在寂寞中能够冷静下来寻找出路，寂寞虽然给人无助的感觉，却也让人消除了外界的烦扰，真正做到让思维清晰。

寂寞也考验了一个人的耐心，让一个人学着循序渐进，不再急躁。任何过程都是变化中的等待,你不积累一定的量,就没法引起质变,所以在成功之前,一定要学会埋头苦干。

3. 受得起敲打

努力做事的人还要承受一定的舆论压力。也许你做的是一件旁人都不看好的事,难免有人好心劝你赶快改行,以免将来后悔;也会有人冷言冷语,讽刺你在做无用功;甚至有人幸灾乐祸,挑着你的毛病看你出丑。人心难测,不是所有人都能鼓励你,你要受得了来自他人的压力,才能让自己的心理更加坚强。

西方有句谚语:"罗马不是一天建成的。"成功需要厚积薄发。只要你有不怕失败的精神,有顽强不屈的毅力,困境在你面前仅仅是一个考验。对于懦弱无能的人,今天的困境代表明天更大的困境;对于拼搏肯干的人,今天的困境代表的是明天的成功。

凤凰浴火,才能涅槃重生

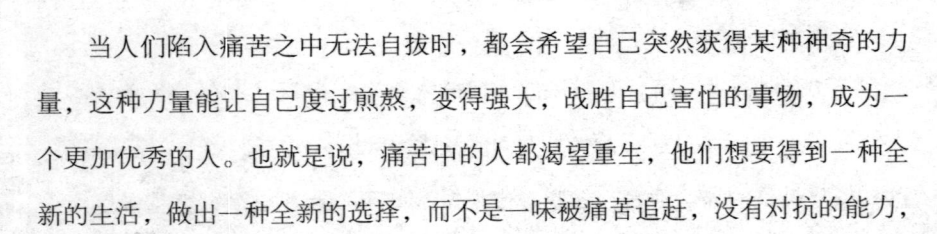

当人们陷入痛苦之中无法自拔时,都会希望自己突然获得某种神奇的力量,这种力量能让自己度过煎熬,变得强大,战胜自己害怕的事物,成为一个更加优秀的人。也就是说,痛苦中的人都渴望重生,他们想要得到一种全新的生活,做出一种全新的选择,而不是一味被痛苦追赶,没有对抗的能力,也没有逃避的可能。

其实，每个人身上都具备在痛苦中重生的力量，这就是忍耐力。忍耐，能够使人战胜痛苦、超越自我。当一个人在痛苦之中，心中填满无可名状的悲愤与酸楚，但还没有放弃对未来的希望，这个时候他必须忍耐环境施加给他的种种压力，才能一步步重新开始。重生需要一个过程，过程的每一个环节都需要忍耐，但结果会告诉我们：忍耐是有价值的。

克服痛苦是一个"愚公移山"式的过程，一点一点地搬运那些对自己不利的东西，然后开拓出一条自己心目中的道路，即使旁人嘲笑自己，也不放弃这份信念。所以，有人会认为这样做是"傻"，事实上，这种傻，不是真的冥顽不灵，而是脚踏实地地奋斗。或者说，有城府的人都有"傻"的一面，他们不当只会投机取巧的聪明人，该聪明的时候他们比谁都睿智，该"傻"的时候他们可以比任何人更"傻"。

古代有一个剑客，年纪轻轻就打败了无数高手，美名传遍江湖。可是，这个剑客性格轻狂，常常惹是生非，有一次，他在山间寺庙前戏弄一个小和尚。他与小和尚比武，逼小和尚使出所有招式，自己则逐一破解，逐一嘲笑，并把小和尚的门派贬得一无是处。小和尚十分气恼，无奈技不如人。此后，剑客常常对人提起小和尚，不断挖苦他。

小和尚决定勤修武艺，以期有朝一日报仇雪耻。他身边的人知道这件事后，都说他白日做梦。在众人的笑话中，小和尚日复一日地练剑，他相信功夫不负有心人，有一天他一定能和剑客一决胜负。

小和尚一练就是十年，他终于有信心去找剑客比武，而剑客早就忘记了他，仍和他比画起来。剑客没想到一个相貌平平、没有任何名气的和尚竟然能和他打成平手。他恭敬地请和尚饮茶，称赞他的剑术。这时和尚才知道，

185

经过十年的忍耐和磨砺，他已经成为顶级高手。

故事里的小和尚一日受辱，十年辛苦，最后一朝成名。世界上没有忍不过的事，随着历练的增加，每个人都可以在痛苦中重生，成为让人刮目相看的人。这时候，也许我们会回过头感谢自己受到的痛苦，如果没有这份痛苦，没有因痛苦而生的斗志，也许我们仍是普普通通的人。所以，当痛苦到来的时候，不要仅仅将它看作一种劫难，它同样可以是一种考验、一种机会，看你如何度过，会不会把握。

有些事必须理智地放弃，例如无法改变的过去，例如目标过高的理想；但有些事却绝对不能放弃，例如自己的尊严与信念。面对痛苦，有城府的人告诉自己要忍住，不能放弃，否则自己只能度过平庸懦弱的一生。那么，在痛苦中如何保持自己的忍耐力？

1. 不断激励自己

在忍耐的过程中，自我激励是克服痛苦的法宝，要不断对自己强调"我是优秀的"，以此产生积极的心理暗示，即使遇到挫折也不会轻易放弃，而是以更顽强的斗志去挑战。

激励自己应该是一个持续不断的过程，每个人的自信都来自不间断地激励，可以拿出过去的成绩鼓励自己，也可以把他人对自己的正面评价贴在自己床头。总之，一切能够激发自信的东西都不妨拿来一用，这会极大缓解失意和失败带来的痛苦。

2. 要有一个大目标

理想往往能够产生巨大的推动力，促使人奋发图强，想要在忍耐中战胜痛苦，要在心理上给自己一个目标，使自己的努力有一个中心、一个凝聚点，让自己所做的事归于一个统一的目的，不会分散精力。当一个人懂得专注做事的时候，往往能发掘出从前没有发现的能力，激发那些潜在的实力，让自己和身边的人大吃一惊。

3. 不断提醒自己与他人的差距

对抗痛苦是一个漫长的过程，在这个过程中，我们也会有机会获得一些小成绩。这个时候千万不要掉以轻心，要想想自己离目标有多远，看看自己和他人的差距，有时候甚至可以自己打击一下自己的自信，以免得意忘形，因小失大。

在痛苦面前，烦恼和挣扎没有意义，只有一边忍耐着痛苦的侵袭，一边付诸行动改变这种情况，才能真正解脱自己，让自己重生。当你一次次面对痛苦，一次次忍耐下来的时候，你已经积累了雄厚的资本，还有日渐增多的勇气。有一天你会知道，一切痛苦都有价值，一切忍耐都有意义，人生并不只有挫折，还有成功时的喜悦，到达终点时的自豪。

任凭风吹雨打，我自岿然不动

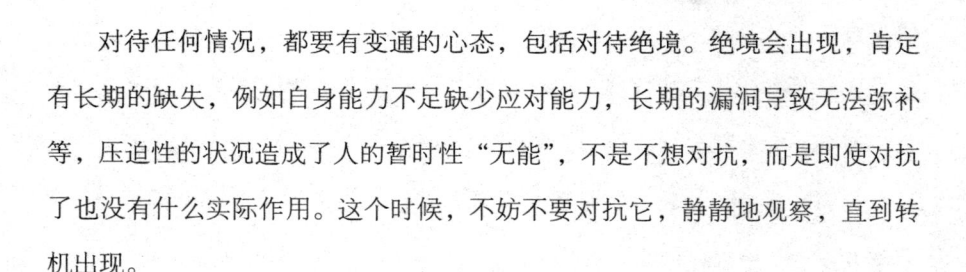

对待任何情况，都要有变通的心态，包括对待绝境。绝境会出现，肯定有长期的缺失，例如自身能力不足缺少应对能力，长期的漏洞导致无法弥补等，压迫性的状况造成了人的暂时性"无能"，不是不想对抗，而是即使对抗了也没有什么实际作用。这个时候，不妨不要对抗它，静静地观察，直到转机出现。

在绝望的情况下如此，这种思维还可以延续到生活的各个领域，不论哪种情况，只要你觉得手足无措，完全想不到办法，也找不到人帮忙，但你还不想放弃的时候，静观其变就成了你的唯一选择，也是最佳选择。把事情的每一个变化看清楚，适时地调整自己，就能看到机会，然后一举成功。

成熟的人相信成功是努力和等待的结合，没有努力，天上不会掉馅饼，谁也不会把成绩给你送上门，努力是一切成就的基础。和努力相比，时机也很重要，如果时机不对，再多的努力也是白费。而时机对了，纵使花费很少的气力也能取得很大的成就。当然，后者运气成分太大，不会被讲究实际的聪明人采纳，他们更相信在努力中等待时机才是最好的方法。

一家大公司正在招聘一个重要部门的经理，投来简历的既有资深的商场人士，也有海归博士，更不乏朝气蓬勃的社会新人。董事长很重视这个职位，通过层层选拔，有三个人获得最终考试的资格。

这一天，三个应聘者同时收到邮件，要求三人于次日下班后到公司人事部进行最终面试。三位应聘者经过悉心准备，准时到达公司，却发现公司大门紧锁，一个人也没有。

"是不是写错了日期？"一个应聘者等了一个小时，决定回家查证。

"一个大公司如此不注重信誉，让我失望。"第二个应聘者等了两个小时，决定离开。

直到深夜，第三个应聘者还在等待，这时董事长的汽车缓缓开来，车里坐了董事长和几位经理，他们恭喜应聘者获得了这个职位。原来，这是一次董事长精心设计的测试，旨在考察应聘者的牺牲精神和耐力，只有第三个应聘者通过了考验，成功拿到了职位。

第三个应聘者知不知道董事长的目的？他也许根本不知道。不过，他相信一个大公司的董事长不会无缘无故和人开玩笑，也不会把重要事件弄错，在这种情况下，在原地等待问个究竟，好过自顾自地下结论，然后自己回家。而董事长的测试也道出了"静观其变"的精髓：牺牲的精神和耐力。牺牲精神，既是指可能浪费自己的时间精力，也是指在选择坚持的时候放弃了其他可能；耐力，则是等待者的必备素质。

静观其变应该成为一种习惯，既是思维习惯，也应该是遇到困境时候的第一反应。绝望说到底是一个心态问题，如果能从心态上彻底突破，人就能在多数情况下保持自信和冷静状态，这无疑能使人变得更细心、更谨慎、更平稳，也更优秀。静观其变不是说安静地站在原地什么也不做，而是要做到以下几点：

1. 关注细节

人们常说细节决定成败，在困境中，每一个微小的变动都可能是转机，要关注环境的每一个细节，因为细节的变动常常是整体变动的前奏，你看到了，才能见微知著，决定自己的下一步。此外，我们遇到的困境很少是纯外界因素造成的，困境主要由人力控制，要观察环境中的每个人，把他们的一举一动都要看仔细，他们的行为必然会影响到局势的发展，你也可以通过改变某个人而使事情向对你有利的方向发展。

2. 放眼整体

一块精美的手表能够成型，既要有设计师精湛的眼光，也要有技师的技术，也就是说，既要注重整体，也要注重细节。有整体意识最大的好处是更明白自己的处境，而且也更甘愿为了长远利益做出暂时的牺牲。而且，看事情全面，就会看到很多以前忽略的东西，从中找到与以往不同的思路，这本身就是一种锻炼。

3. 不放弃任何机会

对待绝境，有时候需要背水一战的勇气，有时候需要铁杵磨成针的耐性，有时候需要出奇制胜的思维能力，其实，这些东西都是在说明一个道理：如果不放弃任何机会，总有一个方法能让你突破绝境，一个方法不对，就去试下一个。静观其变的最高含义是"静中有动"，在冷静中寻找突破的方法，看到机会、想到办法就立刻动起来。

也许是因为胸怀大志的缘故，有城府的人所遇到的绝望时刻比一般人要多，他们能够一次次突破困境，一是因为平日的修炼，不论是能力还是心态，都能保证他们在困境来临时冷静自持、伺机而动；二是他们从不放弃自己的目标，因为他们的目标不是不切合实际，而是只要克服困境就能达到的，这样他们就平添了勇气和魄力。所以，不论面对什么样的绝境，你所能做的就是坚持、坚持、再坚持，成功，往往就在下一秒出现。

第九章
愿得一人心，白首不相离

> 红尘一醉，愿得一人心；烟火夫妻，白首不相离。弱水三千，我只取一瓢饮。相濡以沫，执子之手，与子偕老。这种浪漫，是不离不弃到白头的爱情。

爱情，不求最好，但求最合适

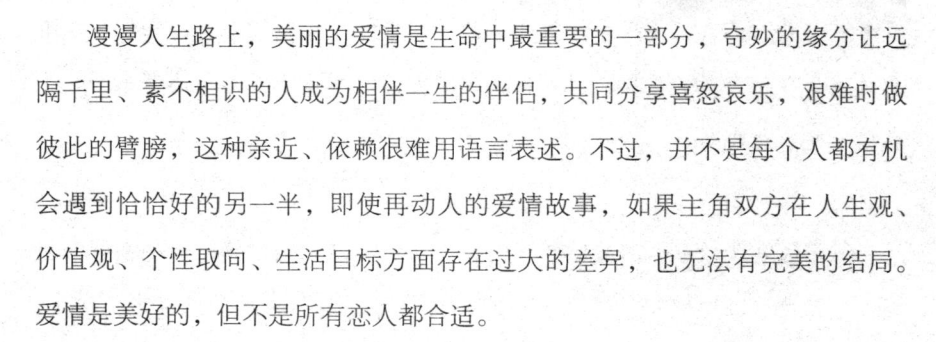

　　漫漫人生路上，美丽的爱情是生命中最重要的一部分，奇妙的缘分让远隔千里、素不相识的人成为相伴一生的伴侣，共同分享喜怒哀乐，艰难时做彼此的臂膀，这种亲近、依赖很难用语言表述。不过，并不是每个人都有机会遇到恰恰好的另一半，即使再动人的爱情故事，如果主角双方在人生观、价值观、个性取向、生活目标方面存在过大的差异，也无法有完美的结局。爱情是美好的，但不是所有恋人都合适。

　　爱情让人心醉，让人失去理智，不过，爱情也需要城府，城府不是心机，而是计划。举个最简单的例子：你想不想始终吸引你的另一半？你想不想与另一半有个稳定的未来？你想不想让你付出的一切真正地感动对方，让对方真正认识你、接受你？如果答案是肯定的，那么你需要修炼爱情城府。

　　修炼爱情城府的第一步，就是要认清什么样的爱情最适合自己，什么样的爱情能够天长地久。相应地，那些不适合自己，明知道是一场悲剧的爱情，你即使仍要尝试，也要保证自己能够承担它带来的结果。事实上，它不会有伤心和伤害之外的结果。

　　科学家曾经进行过这样一个实验：他们饲养了一群白鸽，平日让它们生活在宽敞的庭院中，白鸽们随时随地都能在蓝天上飞翔。过了一段时间，科学家们把白鸽关进一间大房子，房子四面是墙，只有一面是透明的玻璃。鸽子们为了得到自由，争先恐后地向着玻璃飞去，它们每每被高硬度的玻璃撞得眼冒金星。

　　科学家们认为不久之后白鸽们就会另想办法，因为，在玻璃旁有一道虚掩的门，不费什么力气就能撞开。没想到这些鸽子从来没有注意这道门，只盯着玻璃外的亮光，不断地飞过去，然后撞伤自己。即使如此，它们也没有想过改变一下自己的思路，对它们来说，玻璃后的蓝天有太大的诱惑力，让它们不愿意放弃努力。

　　天涯何处无芳草，何必单恋一枝花？就像实验中的白鸽，换一条路径就能得到自由，死脑筋只能把自己撞得鼻青脸肿，为什么不能承认自己错了，去追求更对的人呢？迷恋这种状态一旦产生就很难解脱，但是，未来的人生还很长，你真的愿意一辈子单恋一个人，看着对方幸福，而自己默默付出地过日子吗？相信绝大多数的人不会选择当这样的情圣。

有头脑的人明白什么样的爱情最适合自己，那个人应该是能够激发自己的热情，让自己迷恋；还应该适合一起生活，共同搭建自己的小家庭；最好还是贴心的伴侣，让自己在任何时候都不觉得孤单……感情并非完全利己，但是，如果不能让自己得到满足，那么早晚会觉得意难平，不如一开始就找一个最合适的。那么，如何判断你的爱情是否合适？

1. 二人是否有共同语言

共同语言既包括共同的兴趣爱好，也包括共同的生活目标。爱情的结果一般都是步入婚姻的殿堂，要想想几十年的时间，如果你们既没有可以交谈的话题，又没有共同奋斗的目标，那会是多么无聊的一种状态？或者说，你们到底为了什么而结合？难道是为了对方出色的长相或者成绩？这些外在的东西都不能保证爱情的长久，真正决定爱情的，是灵魂的吸引。

2. 对方身上是否有你不能忍受的缺点

不要高估自己的忍耐力，也不要高估他人的承受力，相爱固然没有什么理由，没有什么条件，但如果对方身上真有你完全无法忍受又不能更改的缺点，你真的能保证自己忍耐几十年？比如你是一个大方的人，最受不了吝啬贪财，你的另一半如果整天为几毛钱的菜和你算计，你真的受得了这种生活？对那些你根本无法忍受的缺点，还是赶快说再见为妙。

3. 二人的条件差距是否过大

古时候的婚姻讲究门当户对，这不是没有道理的。试想两个人家境相当，受到的教育相当，接触的人差不多，自然会形成相似的人生观，就算没有感情基础，也更容易理解、欣赏对方，更容易和睦相处。相反，如果两个人差距过大，不论这差距是人生观上的、家庭上的、经历上的还是性格上的，都需要谨慎对待，因为差距导致差异，差异导致无法理解沟通，很容易成为矛

193

盾。在恋爱时，必须客观地认识到这种差距，并仔细思考究竟能不能弥补。

4. 你是否想要改变对方

恋爱的时候，恋人一方发现了另一方的缺点，或者另一方身上有让自己无法忍耐的地方，会安慰自己说："今后可以慢慢改变。"不知多少人有这样的心思，并为此努力，绝大多数的人都会发现，想要改变对方几乎是不可能的。对方的个性由很多年的时间积累形成，怎么可能在一朝一夕之间发生更改？改变并非不可能，但如果你无法尊重、接受对方现在的样子，你不过是在谈一场没有结果的恋爱。

5. 看看对方如何对待别人

爱情的开始也许是一见钟情的心动，但爱情会变成生活，另一半也会成为生活中最重要的伴侣。这时候，应该看看对方如何对待身边的人，包括父母、朋友、同事、弱者……如果对方是一个懂得感恩也懂得付出的人，自然也不会对你太差。如果对方只为自己考虑，对他人的贡献总是挑三拣四，即使现在迷恋你，以后也不会对你有多好。

谈恋爱需要用脑子，需要避开那些不合适的对象，选择最适合自己的另一半。当你们有共同的追求、相互体谅的个性、和谐的相处方式，才能算是相配的一对，你也才能从这段关系中领悟真正的爱情，享受美满的生活。

此情可待成追忆

关于爱情，人们曾有很多著名论断，其中之一就是：得不到的永远是最好的。特别是谈了很长时间的恋爱，一旦分手，那份失落感就会铺天盖地，而且在自己心目中，对方的形象会越来越高大，越来越完美，谁也无法与之相比，眼睛里也看不到其他人。他们被这种迷恋折磨，不断对别人说："我失去了最好的一个。"

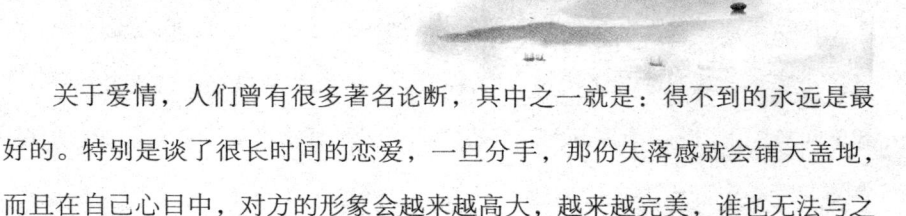

那么，得不到的真的就是最好的吗，还是因为你太过遗憾，导致了一种幻觉？大多数人想到自己付出的心血和努力，越是觉得没有得到回报，就越是放不下这段爱情。到最后，他们也不明白自己留恋的究竟是某个人，还是放不下曾经的努力和曾经的感觉。这个问题说不清楚，但有个事实是清楚的：感情已经结束，迷恋也是枉然。

覆水难收，理智的人都懂得这个道理。过去的感情让自己形成了惯性的依赖，突然失去对方，觉得天塌地陷，可是伤心不能挽回对方。何况，两个人的分手一定有不可调和的原因，即使挽回，裂痕已经产生，双方仍旧不可调和，一段时间过后，又会出现第二次分手。死灰不能复燃，逝去的爱情也不能重来。

大学四年，小美与男友相识相恋，度过了一段甜蜜浪漫的时光。临近毕业的时候，就像每一对"毕业那天说分手"的情侣，他们遇到了实际问题，男友需要按照家里的要求回去考公务员，小美却希望留在大城市继续发展。再三商量后，两个人发现谁也不能放弃自己的事业，只能放弃爱情。

男友离开后，小美迅速开始消瘦，白天的时候，她是朝气蓬勃的白领，晚上则以泪洗面，反复回忆她与前男友共度的那些日子，越想越觉得放手太可惜。可是，她不愿放下大都市的繁华，去一个小县城过平淡无奇的一生。她陷在痛苦中，也曾疯狂地找过那个男孩，可是男孩更换了所有的联系方式，像是人间蒸发了一般。

小美的情绪一天比一天低落，她久久地徘徊在事业与爱情中，无法抉择。直到有一天，老同学告诉她男孩已经结婚，这个消息非但没有让小美走出迷恋，反倒让她更深陷在痛苦中。她不断想，如果自己肯放下现在的工作，新娘是不是就是自己？直到有一天，她因为精神萎靡耽误了工作，被上司叫去谈话，她才发现自己为了一段早已放弃的爱情忽略了太多东西。

爱情是心理上的一种感觉、一种需要，一旦消失就很难追回，看不开的人最容易为情所伤。故事中的小美就是一个痴人，她为了一段自己放弃的感情以泪洗面，这是典型的优柔寡断，既然如此留恋，当时就不该放弃；已经放弃，就不该这样为难自己，而且为了一段失去的感情耽误现在的生活，也是一种不明智。

一定要想想，认识对方之前，你的生命就没有其他亮点和快乐吗？失去对方你就失去了生命的全部吗？如果答案是肯定的，那么对方值得你放弃一切去追回。但在绝大多数时候，答案都是否定的，你需要的是合适的疗伤方式，将过去当作美好的回忆，开始一段新的生活。那么，如何"拔慧剑斩情丝"?

1. 好聚好散，不要为难对方

感情是美好的，却并不一定会长久，当对方明确地表示这段感情不合适，或者自己另有所爱，你又何必强求？不合适是因为不愿意与对方磨合，换言之，感情不够深；另有所爱是因为有了更好的选择，换言之，移情别恋。你真的希望自己未来的爱人是一个对你感情不够、随时可能移情别恋的人？如果答案是否定的，你就没必要留恋对方，甚至没必要为难对方，好聚好散，也不枉费大家相识、付出一场。

2. 给自己一段独处的时间

分手后你需要的是冷静，还要重新面对孤单的生活，这个时候需要一段独处的时间，仔细想想这段感情的得与失，也许你会产生一种释怀的心态。独处还可以让你换个心情，暂时忘记失恋的苦闷，计划一下自己的未来。人生不会因一段感情的结束而结束，它应该有坚强独立的内蕴与魄力。

3. 不要迅速开始新恋情

有些人克服不了失恋的伤痛，他们会迅速开展一段新恋情，以填补自己的"空潮期"，用新的热情弥补旧的伤害。其实，这并不是一种明智的做法，首先它对新恋人不公平，其次你在这段新的感情中投入的不是爱恋，而是渴望得到一种心理上的补偿。迅速开始的新恋情就像受伤时用的创可贴，虽然一时缓解了疼痛，却无法治愈。想要高质量的爱情，还是要等到彻底告别旧伤痛之后。

4. 用其他事来填满自己的时间

失恋的感觉是强烈的，是一种无法摆脱的精神痛苦，这个时候，干脆用大量的工作麻痹自己，让自己忙得没时间去想失恋这回事，让自己累得根本忘记爱情的感觉。如果你愿意用其他事将自己的时间填满，过上一两个月，你会发现伤口早已麻痹，虽然还觉得疼，却不再那么撕心裂肺。而且通过一段时间的劳累，你会发现生命中还有很多事等待你去完成，不能为了一段感情就放弃全部人生。

得不到的也许是好的，但那终究成为一种过去，不用费尽心思去挽回，因为强求来的东西终不会让你称心如意，不如潇洒地放开手。此情可待成追忆，只是当时已惘然，惘然过后，你还要面对漫长的人生，打起精神，你会遇到更适合你的人。

情深情浅，不在付出而在用心

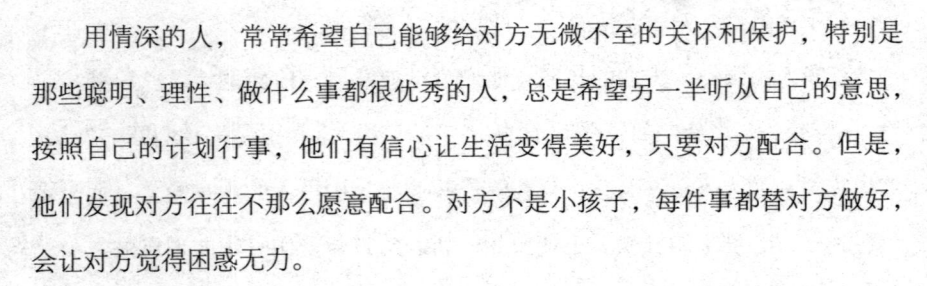

用情深的人，常常希望自己能够给对方无微不至的关怀和保护，特别是那些聪明、理性、做什么事都很优秀的人，总是希望另一半听从自己的意思，按照自己的计划行事，他们有信心让生活变得美好，只要对方配合。但是，他们发现对方往往不那么愿意配合。对方不是小孩子，每件事都替对方做好，会让对方觉得困惑无力。

还有一种情况，当一个人为另一个人付出太多，这种爱就变成了另一个人的负担，而且感受不到在这段关系中自己付出了什么，越来越没有存在感。这时候，爱就变成了一种伤害，如果付出的人还在不停地说："你看看我为你做了这么多事。"另一个人就更会觉得承受不起，想要结束这样一段失衡的关系。

　　成熟的人会用理智的态度对待自己的爱人，就因为深爱对方，才会更加尊重对方的个性，维护对方的空间，让对方自由发展，而不是给对方一个脚镣，让对方按照自己的意思行事。他们希望给对方提供一个遮风挡雨的地方，而不是把对方关在园子里豢养。想要维持相爱双方的平等，首先要保证对方发现自我、相信自我，而不是没有自我。

　　一位牧师路过一个花园，见花园里鸟语花香，一派春日祥和的景致。牧师正在享受漫步的悠闲，突然听到一棵高大的树上传来一阵哀鸣，举头看去，是一窝小鸟因害怕而啼叫。

　　"这么小的鸟却放在这么高的树上，难怪会害怕。"牧师想。他不忍听到小鸟的叫声，就拿了梯子爬上去，把鸟窝放在低一些的树枝上。

　　第二天，牧师依然路过花园，又听到小鸟的啼叫，于是牧师又将鸟窝放低了一些。如此几天，小鸟终于心满意足，发出欢悦的声音，牧师终于能够放下心了。

　　没过多久，牧师又一次路过花园，却听不到鸟儿的叫声，只看到低矮树枝间空荡荡的鸟巢和散落的羽毛，原来，鸟巢放得太低，小鸟都被附近的野猫叼走了。牧师顿时明白，自己对小鸟的帮助致使最后杀死了它们，他懊悔不已。

　　这个故事是一个关于爱的寓言，旨在告诉人们太多的爱会成为害，不论是父母对子女，前辈对后辈，还是爱人对另一半，没有节制的包办式的爱，都会让对方无法独立。也许你爱一个人，很希望给对方一种过度的爱，让对方离开你就活不下去，但这其实是一种自私的想法，因为你不曾想过有一天你不在了，对方如何生存？你无法保证对方的周全，只能在日常生活中锻炼对方，让对方有自己的能力、自己的事业、自己的朋友圈，这样才是真正为对方着想，才是真正的保护与关爱。

真正的爱是一种责任，既有保护的责任，又有督促的责任，当你爱一个人，对方应该因你的帮助变得比以前更好，而不是渐渐失去自我，成为一个附庸，完全没有个性。这样的一个人，渐渐也会对你失去吸引力。那么，如何判断你给的爱是否过度？

1. 是否过于包办，干涉到对方的兴趣爱好

两个人的关系需要互相让步妥协，有时候为了使一个人高兴，另一个人难免委屈。如果有一天，对方突然跟你说："我决定分手，我受不了你的干涉。"这说明你对对方的干涉已经超过了对方的接受底线，对方并不是因为一件事提出分手，而是多次事件的累积。

每个人都有自己的兴趣所在，那是生命乐趣的一部分，无法由他人决定，你觉得音乐能够给人带来最多的快乐，对方偏偏喜欢画画，这个时候你不能逼迫对方放弃绘画。你逼迫的即使不是大事，但这种霸道的态度也会让对方的不满逐渐扩大，最终导致两个人关系的崩溃。

2. 是否过于不均衡，变成对方的压力

情感的付出是相互的，应该注意均衡。一旦一方只懂得付出，另一方只懂得接受，这段感情就会出现问题。或者是付出的一方累了，或者接受的一方厌倦了。只有彼此付出、彼此接受，才能保证一种感恩与爱护的双重心态，这种心态正是爱的土壤。你可以不计较付出，但不要让对方觉得他（她）什么都不用做，要让对方察觉你的需要，这才是一段稳定的关系。

3. 是否耽误了自己的正常生活

爱情的前提是保证自我,而不是失去自我。爱情需要现实基础,也需要个性基础,保证自我的独立、坚强是维持爱情的重要步骤,如果对对方的付出严重地干扰了你的正常生活,不但让对方不自在,也让你失去了往日的步调,这时候就可以判断自己爱得过度了。试着调整自己的生活重心,做到兼顾和统筹,才是维持生活与爱情的两全其美的方法。

爱情常常让人们有这样一种觉悟:无论付出多少都觉得不够。但是,爱不可过度,用最理智的态度对待自己的爱人,是对爱情最好的呵护。不必什么事都按照对方的想法进行,也不必强求对方同意自己的每一个观点,爱情如果也能把握合适的"度",才能真正不变、长久。

爱情,无须比较,只需理解

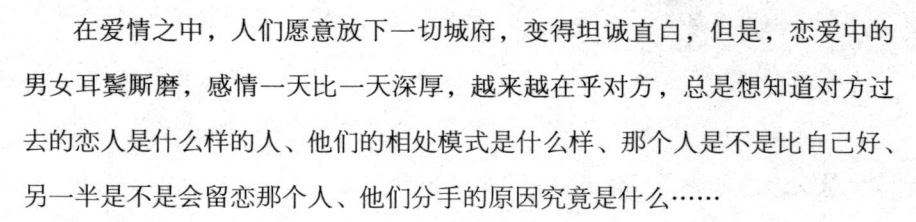

在爱情之中,人们愿意放下一切城府,变得坦诚直白,但是,恋爱中的男女耳鬓厮磨,感情一天比一天深厚,越来越在乎对方,总是想知道对方过去的恋人是什么样的人、他们的相处模式是什么样、那个人是不是比自己好、另一半是不是会留恋那个人、他们分手的原因究竟是什么……

如果恋人如实回答,就会产生更多的问题,诸如"既然那么好,你为什么还跟我"、"你觉得我好还是他(她)好"、"你是不是还想着那个人啊",等等。如果对方不想回答,你就会在脑子里想到最坏的答案,然后折磨自己。

比来比去，情绪就越来越阴晴不定，两个人的矛盾也会增加。有时候心里也知道这种比较没有意义，但想到另一半的过去，就觉得不能释怀。

还有一种情况，就是开展一段新恋爱以后，自己也会忍不住与过去比较，觉得现在这个哪点比过去那个好、哪点不如过去那个，比来比去，总是觉得刚开始的那个更好。殊不知，这种比较对现在的爱人是最不公平的，因为每个人对待爱情的方式都不同，你事先设定了标准，就是逼迫对方按照你的标准谈恋爱，不但会让对方不自在，也会让你觉得处处不满意，因为谁也不可能按照你的模板克隆，你只能得到失望。如果这种情绪已经影响了你们的关系，建议你赶快把成熟找回来，不然，你的恋爱不会有圆满的结果。

一个论坛的网友正在讨论一张帖子，发帖人是经常泡在论坛的一个讨人喜爱的小姑娘，她为人热情，喜欢摄影，每次贴出的风景照都能给人带来美的享受。熟悉她的人都知道她今年24岁，已经工作三年，最近交了一个不错的男朋友。

女孩的帖子如下：

和男朋友交往已经有半年了，曾经交过两个男朋友，因各种原因分手，与这个男朋友一年前在活动中认识，追求我大约半年时间。他的条件很好，在一起后也很细心体贴，但是，他总是追问我过去的事，比如追问我过去的男朋友是什么条件，听说其中一个家境不错，就会不停地问为什么分手，如果现在让我重新选，我会选择谁……他总是问这样的问题，让我不知道怎么回答，大家说我该怎么办？

网友们纷纷建议她开诚布公地与男友谈谈，如果还是改不了比较的习惯，只能考虑分手。女孩犹豫了很久，终于和男朋友谈了一次话，男朋友表示他愿意放下过去。没想到一个月后二人发生口角,男孩故态复萌,又开始说:"你以前的男朋友难道就能让着你吗?"女孩仔细思考良久,觉得如果一辈子都生活在男友的计较和比较中,人生太过痛苦,她决定和男孩分手。

每个人都有过去,如果对方没有蓄意欺骗,你在接受对方的时候,就已经接受了他的过去。你不可能将一个人的过去在他的生命中完全割裂。这个时候,成熟的人似乎更能看开一些,因为他们知道比起过去,最重要的是现在和将来,过去即使再好,要和对方生活一辈子的人是你,对方选择的也是你。何况,记忆里的一切往往更加美好,以现实中的自己和幻想中的过去做比较,怎么看都是自己吃亏。而且比较除了伤害两个人的默契与感情,起不了其他正面作用,不如不比。

在两个人的关系中,与其计较对方的过去,不如努力让对方有更好的现在,如此一来,你们才能真正地忘记过去。与其怀念过去的爱情,不如加倍珍惜现在,才能使自己有更多的充实感和幸福感。该结束的早就结束,开始的就应该崭新。那么,如何放下爱人的过去?

1. 要知道过去的爱造就了现在的他(她)

恋爱分析师说,人们应该对恋人之前的另一半心存感激,因为谈过恋爱的人往往比初次恋爱的人更体贴、更包容、更尊重对方的存在,这份心态是因为前一段感情的磨合,甚至是不停歇地争吵才换来的,过去的爱造就了对方此时的恋爱心态。

如果你的爱人曾经有过恋爱对象,那段恋爱就是他(她)人生经验的一部分,很大程度上影响了现在的他(她),如果你愿意细心琢磨,可以了解这段爱情的前因后果,然后更加了解另一半的个性和禁忌。但是,如果你没有这份心胸，建议将爱人的过去搁置，不要去接触，把对方当作一个"第一次恋爱"的人，因为对方想获得的也是一次崭新的恋爱。

2. 对自己更有自信

总是拿自己和对方过去的恋人比较，是因为对自己的一切不自信；总是拿对方和自己过去的恋人比较，是因为对自己的眼光不自信。如果你不相信自己在对方眼中是最好的，对方是自己遇到的最好的，你们的感情基础就称不上牢固。不必在对方的过去上找自信，要相信自己做得够好，还会做得更好，这才是使对方走出过去的根本条件。

3. 如果太过在乎，就要果断分手

如果你发现自己完全无法接受对方有过去，或者对方完全无法接受你的过去，你们每天的日子就是在互相询问、互相比较中度过，不要抱着"今后会好"这种幻想，因为今后不会好，要么把比较放在心里，产生忌妒、自卑等情绪，严重干扰生活；要么是找一个没有过去的人，弥补自己的"感情损失"。恋爱双方如果斤斤计较到某种程度，忽略了相爱这个事实，他们不能克服的不只是过去，还可能是未来的很多问题，这个时候，果断分手才是最理想的选择。不必苦了谁、害了谁，如果真的有缘，想通之后还会在一起，否则没必要互相伤害。

多数人寻找另一半不能一蹴而就，往往经过了一次或者几次失败的经验，才找到了最合适的人。一个对感情负责的人必然对对方有一定的宽容，而不是为自己回不到的过去求全责备，两个人相处，最重要的是活在当下，而不是对过去斤斤计较。

要风花雪月，也要柴米油盐

有一首歌这样唱道："相爱总是简单，相处太难。"相处，是普天下正在恋爱的男女面对的难题，当爱情以婚姻为前提，相处就成了双方必须解决的难题，甚至是当务之急。步入婚姻首先要考虑的是爱情，是双方的个性是否合适、能否尽心维持一段感情，让它有始有终，这是婚姻的基础，必须谨慎对待。

爱情是两个人心灵上的共鸣，但婚姻却有双重意义，它既包括浪漫的一面：相爱的两个人从此白头偕老；又包括现实的一面：婚姻，不只是两个人的结合，还包括两种经济体、两个家庭、两段社会关系……婚姻不是儿戏，必须将方方面面的困难提前考虑，才能保证婚后生活的和谐美满，否则，就要面对层出不穷的婚姻问题，直到前方出现红灯。

爱情需要冲动与激情，是本能；婚姻却需要头脑和计划，是成熟。不能简单地认为有爱情就能解决一切。成熟的人在爱情上认真，在婚姻上聪明，他们不会被一时的激情冲昏头脑，他们要将二人可能面对的困难一一分析到位，事先协调，达成共识，这样一来，即使问题真的出现了，两个人也会很有默契地按照之前商定的方法迅速解决，不留下隔阂。

于珊一直自诩单身主义，抱定不结婚的念头，经常给她的朋友讲述结婚的坏处：没有自由、婆媳关系、经济问题、孩子问题……但是，当她遇到同样一直单身的谭立，这种观念立刻发生了改变，他们都认为对方是自己一直等待的那个人，认识不到三个月，他们迅速注册结婚。

"闪婚"后的日子并不好过，柴米油盐的生活迅速消磨了浪漫，于珊和谭立很快发现彼此身上不能忍受的部分，虽然都是些生活琐事，但每天的大吵小吵也让他们疲惫。例如，于珊喜欢吃中式饭菜，而海归的谭立喜欢吃西餐，每天早上必备面包和咖啡，两个人会为中餐西餐哪个更有营养争论不休。类似的争论存在于生活的各个方面，两个人个性要强，谁也不愿意服输，在日复一日的争论中，终于决定离婚。

在上述事例中，一段闪电式的爱情以闪电式的方式结束，在恋爱的时候，谁也不认为自己的婚姻会以离婚告终，人们习惯性地相信对方、相信自己、相信来之不易的感情。一旦接触到琐碎复杂的现实生活，人们又会习惯性地纵容自己、苛求对方，抱怨各方面都不如意的生活。故事中的于珊与谭立日复一日地为相处问题争论，其实他们的个性差异在结婚前并不是没有端倪，可是他们被感情冲昏了头脑，来不及辨别发现，也来不及思考。

婚姻是人生大事，一段美满的婚姻将会使人的生活质量大大提高。在心态上能够得到稳定感，建立责任感；在情感上有了依靠感、信任感；在经济上虽然多了压力，但也有了归属感和目标感。每个步入婚姻的人都想要美满的婚姻，但美满的婚姻需要结婚前的计划和筹谋，而不是婚后一点一点地修补，所以，步入婚姻必须谨慎，应该从以下方面考虑婚姻的可能：

1. 经济基础

爱情是风花雪月，婚姻是柴米油盐，步入婚姻的最现实问题是衣食住行，衣食住行的基础是金钱，虽然很俗气，但却是最现实的问题，解决不了，再美好的感情也会变成空中楼阁。没有人能在吃不饱肚子的时候谈情说爱，除非他们不在乎未来。

想要结婚，首先要衡量双方的经济基础，两个人是否能够负担未来的住房、生活、育儿等费用？两个人以什么形式共同支配未来的财产？两个人各自的爱好花销应该如何分配？是否存在不对等？这都是双方必须考虑的问题，否则它们会始终困扰着婚姻，成为一道挥之不去的阴影。

2. 二人的脾气能否磨合

每个人都有自己的脾气，而且，脾气这种东西很难改变，即使改变也是一时的，这就需要两个人达成共识：愿不愿意与对方磨合？在遇到问题时，愿不愿意退一步，体谅对方？两个人究竟存不存在原则分歧，根本无法调和？

当谈恋爱变为过日子，多数人都会发现自己身边的不是当初那个人，很多小缺点、小毛病——浮出水面，让人失望灰心，这就是婚姻对爱情的最大考验。如果你愿意容忍对方的小缺点，下定决心与对方磨合，你会发现对方的个性其实从来没有变过，只是你了解得更深刻了，从某种意义上来说，如果你愿意接受，就是爱情的深化。

3. 双方家长、亲友的意见

爱情是两个人的事，婚姻需要涉及两段社会关系。两个人的相爱未必得到所有人的赞同，即使得到了所有人赞同，在生活中也难免遇到摩擦和纷争，这时候，如何摆正双方亲友的关系，就是一个让人头疼的问题。

如果不能体谅对方的亲友，总是提各种意见，甚至发牢骚，对方基于护短心理，自然也不会体谅你的亲友，甚至连同对你的感情也一天天冷却。亲友虽然重要，但毕竟是你们生活之外的人，没必要因为他们惹对方不快，不如泰然处之,以礼待之,对方自然会感激你的体贴,你们的生活也会更和谐美满。

对结婚抱有谨慎心态的人,才能收获圆满的婚姻。激情不能解决实际生活中的问题,爱情不能当饭吃,只有将方方面面的问题考虑清楚然后再步上红毯,婚姻才能长久。

用心,让婚姻保鲜

常言道:"婚姻是爱情的坟墓。"当婚姻开始的时候,男女双方都觉得找到了生命中的另一半,满怀欣喜和浪漫,以为从此可以像童话中说的那样:王子与公主过上了幸福快乐的生活。但是,很快就会发现现实生活的确是爱情的无形杀手,几乎可以把所有的激情扼杀,最后剩下琐碎的抱怨、牢骚。

为什么会出现这种情况?首先,婚姻揭开了双方的面纱,让彼此看清了对方的真面目。恋爱的时候,每个人都希望对方看到自己的优点,于是拼命突出优点,掩盖缺点;对另一方来说,爱情又有一定的蒙蔽性,这个时候看对方的缺点都是好的,或者干脆忽略。等到结婚后,才发现自己从来不曾留意过的甚至无法忍受的缺点,即使知道自己也有原因,也难免产生一种被欺骗的感觉。

成熟的人对婚姻有清醒的认识,他们知道爱情和婚姻不是一回事。爱情是一种冲动,婚姻却是一种选择,既然是选择,就要知道自己需要承担什么、需要付出什么,而不是一味地要求对方。美满的婚姻不是想出来的,而是通过实际行动慢慢经营出来的。婚姻需要用心经营,否则不会长久,即使长久,也不会让你觉得幸福。

乔先生和乔太太结婚15年,仍然保持着新婚时的恩爱,每当看到乔太太说起自己的家庭一脸满足的表情,她的同事们都不大相信——爱情怎么会保持这么久?

乔太太说:"我觉得夫妻和睦的方法很简单,就是要尊重对方、欣赏对方,特别是要尊重、欣赏那些和自己不一样的地方。比如我不喜欢美术,但我的丈夫画出画来,我会专门看一些书,给他提意见,即使他不接受我也不会在意。还有就是要照顾对方的情绪,经常夸奖对方。比如我的爱人迄今还常说我漂亮,帮我搭配衣服。我也总是夸他聪明,这样他会更有干劲地去工作。我从来不会唠叨对方的缺点,说什么都适可而止,这也是他喜欢回家的重要原因……"在乔太太琐碎却幸福的叙述中,大家都能感受到他们夫妻的恩爱。

经营一段幸福的婚姻,其难度不在经营事业之下,甚至要比经营事业用更多的心思。不过,人生短短几十年,最重要的心灵归属就是婚姻,怎么用心都不为过。故事里的乔先生和乔太太就是因为时时留意对方,重视婚姻质量,才能让婚姻保持了15年的新鲜。

恩爱,就是感恩与爱护。对对方的付出不要视为理所当然,而要心存感激,如此,自然就不会有求全责备的心理,也不会有时时不满足的心态;对对方的一切不是横挑鼻子竖挑眼,而是体谅关爱,让对方时刻感觉到家的温暖。这样的一段关系自然就会长久，婚姻保鲜的秘诀并不难，只要你愿意用心去做：

1. 记得常常肯定对方

夫妻之间的相互欣赏是感情的基础，也是夫妻交流的重要方面。为什么恋爱的时候，觉得对方的一举一动都能吸引自己，都让自己觉得恰到好处，结婚后却觉得难以接受，甚至反感？因为你放弃了对对方优点的发掘，甚至开始从本质上否定对方。在否定的情绪下，你感受不到对方的魅力，对方也会觉得自己缺乏吸引力。

常常赞美对方是婚姻保鲜的好方法，一个人能够得到来自另一半的肯定，每天的心态都会开朗并且积极，遇到困难也会保持信心，因为知道有人会支持自己。肯定对方、承认对方、赞美对方是婚姻双方的共同需要，需要双方的共同努力。

2. 批评对方要温和适度

婚姻双方难免有意见不合的时候，这就造成了某些夫妻"大吵三六九，小吵天天有"。很多人认为夫妻之间说话不用太隐晦，有一说一，批评也要直截了当。但是，夫妻是两个个体的组合，每个人都有自己的尊严，也希望在另一半面前维护自己的面子，如果能用委婉的语言来提醒对方，点到为止地批评对方，就不易伤害夫妻间的感情。

3. 尊重对方的爱好与习惯

每个人都有自己的生活习惯和业余爱好，不要认为结婚后对方就应该一切以你为主，完全听你的话，什么都要向你看齐。对对方的习惯和爱好，即使有你看不顺眼的一部分，只要不影响生活大局，就要学着接受、学着看开，不然整天为应该吃橘子还是吃柿子吵架，日子就会越发没意思。理想的生活并不是公式化的统一，而是多样化的共存。

何况，凡事都以自己为主，说明你太过自我。控制欲太强，只会激发对方的逆反心理，甚至对你打心底里产生失望。要记住尊重对方，对方才能尊重你。

4. 在大问题上要通过协商达成一致

婚姻是两个人的事，即使一方有主见，另一方习惯听从，面对大问题的时候，也不能一个人说了算，要首先询问对方的感受和对方的意见。不然，对方很容易觉得自己没有地位，不被重视，然后对婚姻本身产生质疑。

特别是在孩子问题上，双方最容易产生分歧，这就需要双方在生育之前就定下妥善的教育计划，谁负责什么，遇到情况，双方各自的职责是什么，都要一一想清楚。

5. 制造一点儿浪漫

婚姻是日常生活的累积，但是，婚姻也是爱情的结果，没有人希望自己的爱情真的死在婚姻中，这就需要多动脑筋，多制造一些浪漫。不论是精心为对方准备一顿晚餐，还是外出为对方捎一份礼物，或者偷闲去外边享受二人世界，都能让双方短暂地脱离日常生活，回味年轻时的心动感觉，保持感情的温度。

婚姻是人们的普遍需要，它的内核是想要被关爱，也想要关爱别人。想要一份稳定美满的婚姻，既要有足够的现实观念，也要有足够的不现实，把爱情始终存放在自己心里，在日常生活中的细节处多多体谅对方，这样的感情才能天长地久。

有了爱情，也别丢了亲情

　　爱情与亲情，同样是人生不可或缺的部分。但是，爱情的来临总是伴随着亲情的削减，这是一个无可奈何的现实。人的心只有一颗，人的注意力只有那么多，当全心全意爱一个人时，很自然地忘记了其他人的存在，有时候想起来，念头也只是一闪而过，注意力迅速被对方占领，这个时候，亲情很难在人们的心中占有过去的位置，父母也成了被冷落的人。

　　有些人认为爱情和亲情很难兼顾，每个人都有自己的生活，不应该互相干涉，只要自己尽到了义务就好。但是，人与人之间的亲情不是单单的责任与义务，还有不间断地付出与长久的感情，这些谁也算不清，也不应该计算。不能因为一份爱情就彻底忽视了亲情。

　　对感情问题的解决有时需要理性的眼光，亲情固然不能干涉爱情，但爱情也不是一个人遗忘亲情的理由，两者应该是兼容的、共存的，而不能因为自己一时贪图激情就与亲情变得势不两立。即使两者真的产生了严重对立，也不能因为其中一个抛弃另一个，只能想办法协调解决，而不是一直僵持，让双方的不满逐日累积。

　　婆媳关系是古往今来一大难题，刚刚结婚的方兰也在短时间内陷进了婆媳战争的旋涡里，方兰的老公曾毅也跟着两面为难。曾毅的妈妈为人挑剔，对方兰这里也不满意，那里也不满意，每天打电话找碴儿，并且要求曾毅将自己的工资像以前一样全部交到她手里。

偏偏方兰的家长也不是省事的，常常以"弟弟妹妹读书"为名，打来电话要求方兰顾家。两口子每个月的工资大半要投到各自家里，但双方家庭总是不满意，指责孩子不孝顺，并怂恿两个人赶快离婚。忍无可忍的曾毅和方兰决定再也不管各自家里的事，关上门过自己的日子。

渐渐地，曾毅和方兰发现二人世界有滋有味，两个人志趣相投、性格互补，感情比恋爱的时候还要好上几倍，他们更不愿意再因家里的事起口角，每个月各自支付一笔赡养费，算是孝顺父母。

百善孝为先，中国自古就讲究孝道，是否孝顺是一个人人品的重要体现。结婚之前，看对方是否孝顺，也是评定对方的标准之一。试想一个人对生养自己的父母都不能尽心，又怎么会对你尽力？如果你或你的另一半婚前是个孝顺的孩子，婚后总是忽略父母，只顾着自己的小家，那这段婚姻显然存在某种层次的失败。

当然，有不懂事的孩子，也有不懂事的父母。就像故事里小夫妻的父母，总是刁难自己的孩子，难怪孩子不耐烦。不过，不是所有人都能对你通情达理，或者说，他们通情达理的方面并不是你需要的。父母的养育之恩并非一笔赡养费就能报答，有了问题，回避不是办法，还是要通过情感上的沟通加以解决。要相信世界上没有不疼孩子的父母，父母的要求也并不是你想象得那么多。那么，夫妻双方如何保证与父母的感情？

1. 常回家看看

打再多遍电话，寄再多次礼物，也比不上带着自己的另一半回到家中，和爸爸妈妈说说话。就算代沟存在，也不要和父母争吵，就当作是在陪他们玩，就像小时候父母也微笑着听你说那些奇思妙想，从不纠正你。

有时候父母喜欢对小两口的生活指指点点，指点得不对也不要动气，他们的初衷是好的，你们可以打折实行，或者干脆左耳朵听右耳朵出。回家的好处在于你的父母能够最直观地感觉到你的孝心，父母的希望不过是孩子长大后能偶尔回家。

2. 摆正双方家长的位置

把对方父母当作自己的父母，这句话说来简单，实际上没有几个人能够做到。每个人都有私心，希望尽量对自己的父母好些，如果对方是一个总是惦记自己家庭的人，这种私心就会更强烈，然后就会演变成为各自的父母争取利益，指责对方对自己的父母不够孝顺。

对待双方父母需要一个理性的态度，在能力允许的范围内，尽量做到公平。如果只是对其中一方的父母尽孝，另一方肯定会产生意见，他们的意见会直接影响一段婚姻的稳定。还是那句话，想要对方怎样对待你的父母，你就要先做出表率。

3. 切实地关心与爱护

行动永远好过夸夸其谈，对待父母的态度更是如此。两个热恋中的人应该相互提醒对方孝顺父母的重要，不论是为父母买几件小礼物，还是去父母那里说说话，了解他们的现状。孝顺不是口头说的，而要付诸行动，当你切实地爱护对方的父母，对方的父母也会为你的行为感动，把你当作儿女来疼爱。

当一个人有了自己的家庭，不能忘记自己曾经长大的地方，那里有养育自己的人，有自己从小到大的回忆，不论是本人还是另一半，都应把这个地方看作神圣的、值得爱护的，而不是远离它、唾弃它。情到深处，不要忘记给了你生命的人，那才是你一切的开始。

家庭，是感情的港湾

对一个成年人来说，人生有两个基点，一个是事业，另一个是感情。缺少事业，一个人无法确立自己的价值，会觉得自己无用，在另一半面前也觉得抬不起头，长期下去还会有很强的危机意识，担心自己成为另一半的负担；缺少感情，事业做得再大也没有最亲密的人分享喜悦，总觉得人生不够完整，年纪越大，越觉得自己形单影只，没有情感上的归属感。

但是，当一个人开始谈恋爱、步入婚姻后，常常发现事业与感情出现矛盾。特别是现代人，每日生活忙忙碌碌，心情时常焦躁，没有多少时间去经营感情，导致现代社会的婚姻很像家庭旅馆，两个成员行色匆匆、疲于奔命。在这种情况下，感情越来越可有可无，没有精心维护的感情就像没有肥料的花，病怏怏地生长，总有一天会枯萎。

对成熟的人来说，事业和感情不是天平的两端，而是一个综合体。感情是事业的"后勤基地"，事业是感情的物质保障，他们能在感情与事业中寻找一个平衡点，让家人理解自己的事业，愿意成为后盾；也不会无限制地忙碌，忽略家人的感受。面对两个同样重要的东西，比较毫无意义，最重要的是协调，这样生命才能平衡，不会出现偏差。

自从交了女朋友，张志的生活有了很大改变，用钱钟书的小说《围城》中的话说，就像驴子突然有了赶驴子的人。女朋友各方面都很优秀，但有一个缺点：太爱管着张志。张志想要换一个工资低一些却发展机会更好的工作时，女朋友会反复讲述做工作应该稳重，不应该总想着跳槽。张志知道，女朋友不同意的原因是新工作出差次数太多，二人离得太远。

张志是个有事业心的人，他希望自己能心无旁骛地工作，给家人和女朋友幸福稳定的生活，而女朋友却总是抱怨张志不够体贴，整天只想着工作。张志希望自己的另一半也是个重视事业的人，而女朋友却把家庭当作全部，甚至想辞掉现在这份前途好但忙碌的工作，找一个轻松稳定的公司，以便有更多的时间过二人世界。张志反复和女朋友分析现代社会的压力，却发现他和女朋友根本无法沟通。

常言道，一个成功的男人背后都有一个默默付出的女人。由此可见，另一半是否愿意支持，是事业成功的重要部分。随着男女分工差异的缩小，默默付出的人不再局限于家庭妇女，不过，任何一方的成功需要的都是对方的体谅和支持。

感情可以是心灵的全部，但不是生活的全部，付出与体谅应该是双方的事，尊重自己的事业，也要尊重对方的事业，这就需要两个人互相体谅，寻找出最好的途径，兼顾家庭与个人发展。否则，只会出现恋爱因现实压力而分手。家庭与事业之间并不是没有平衡点，以下就是一些简单的"平衡方法"：

1. 把家庭装在心里

现代社会生存压力巨大，想要做出一番成就，需要做出很大牺牲，其中就包括对爱情、家庭的注意力的削减。即使你的爱人能够体谅你，你也要用实际行动表示你的心里有家庭，每天都不要忘记和你的家人联系感情，即使时间很短，也好过什么都不做。

不但自己要知道，也要对家人表达清楚，争取得到家人的理解。在事业上有了什么变动，也要和家人商量，让他们参与其中，成为你事业的一部分，这样他们才能真正放下心里的小芥蒂，切实地为你的事业着想。

2. 合理安排自己的时间

当人一心扑在事业上的时候，恨不得一天有48小时，恨不得世界上其他东西统统消失，只有工作。这也是现代人的可悲习惯之一。工作狂虽然容易取得成就，支付的却是自己的时间与健康，如果没有一定的时间维系感情、休整身心，早晚有一天会发现自己的生命里只剩下工作，再无其他东西。

重视工作的人要特别注意合理安排时间，可以把休闲与和家人团聚合二为一，既照顾了家人的情绪，也舒缓了工作的压力，保证自己得到足够的休息，一举多得。如果事先商定的休闲活动被突来的工作打断，也要表达自己的歉意。

3. 别把工作带回家里

劳碌了一天，你身心疲惫，这个时候你应该把和工作有关的一切统统留在自己的公司，以轻松的心态回到家中享受天伦之乐，工作中的情绪更不应该带回家里，或者在工作中遇到不快，也不能拿家人当出气筒。将心比心，你劳累一天回家后，想不想看到自己的爱人板着一张脸，在你们的客厅继续加班？

事业与感情能否平衡，关键在于你愿意付出多少努力。即使工作再忙，你辛苦一点，打个电话多一句问候，就能让爱人理解你的苦心，只要坚持下去，你们会找到最合适的相处模式。还有，在某些时候、某种场合，事业和感情的确有轻重之别，但在任何时候都不要为了其中一个而完全放弃另一个。

217

第十章
繁华三千,看淡即是云烟

金钱是水中的浮萍,时聚时散;繁华更像是梦一场,曲终人散。幸福,从来都是心灵的富足。做一个知足的人,不攀比,不找寻,笑看风云。

幸福来自心灵的感受

社会学家调查,人们生活的70%以上的烦恼都和金钱有关。人生在世,金钱是所有人无法回避的问题,李白有一句诗一千多年来一直让人大呼豪爽:千金散尽还复来。但是,在现代生活中,千金散尽的气概不是每个人都有的,千金散尽还能"还复来"的能力,更不是人人具备。更多的时候,人们需要量入为出,需要计划着生活。

现代生活生存压力大,直接导致人们觉得事事都需要金钱,时时都需要金钱,这就造成了很多人的错觉:金钱万能。但是,即使拜金的人也不得不承认,金钱能够买来很多东西,但有些东西花多少钱都买不来,例如健康、感情、愉悦的心情。换言之，金钱买不来幸福，因为幸福是心灵层面的东西，与物质关系不大。

精打细算也好，锱铢必较也罢，任何人都要清楚金钱的重要性，对金钱有清醒的认识，而且还要有相应的控制力，金钱是生命中的重要部分，也是生存的重要手段，但成熟的人对金钱只有一个概念：工具。他们不会把工具当作生活的全部，也不会被工具奴役，成了工具的工具。这也就让他们在金钱与生活的冲突中一直偏向于后者，也就不会造成下面的悲剧。

史密斯与戈登是商场上的老对头，最近，他们同时累倒，被家人送进了疗养院。这家疗养院坐落在山水秀美的瑞士，他们没想到会在这里看到老对头。

看着对方憔悴的面容，他们都有些感慨，静下心交谈的次数越来越多。他们渐渐发现，两个人的生活有很多相似之处。例如，他们的家庭看似幸福，却有很多裂痕，不但与妻子儿女感情冷淡，就连朋友也没有几个，他们每天都在为生意忙碌，直到失去健康。

有时候他们也会谈论自己还能活多少年，不约而同地对过去的几十年感到遗憾。他们发觉除了商场上的成就，他们的人生中竟然没有其他称得上"幸福"的东西，他们的生活似乎被金钱绑架，从未属于自己。通过将近半年的治疗，两位老人的健康有了好转，他们同时将自己的生意交给后代，决定用剩余的生命尽情享受生活。

据说造物主创造人类的时候，第一种人说生命全部要用来劳作，第二种人说生命就该都拿来享乐，第三种人认为应该用一半时间赚钱，一半时间享受,这种人得到了造物主的称赞。故事中的两位老板功成名就,唯独缺少人生的幸福,这一点足以抵消他们的所有成就,成为他们人生最大的遗憾。多少人走在这条路上却没有察觉,直到累倒才后悔莫及。

金钱不是生活的全部,即使谁也离不开它。如何对待金钱最考验一个人的情商。把金钱当作工具的人,人生即使不那么富裕,心灵上却富足安乐;把金钱当唯一追求的人,不得不为金钱抛弃生命中其他重要东西,直到只剩金钱,然后发现自己的幸福感还不如一个一无所有的人。人生难免顾此失彼,所以才要注意平衡,在金钱与心灵之间,要注意如下平衡:

1. 摆正金钱在生活中的位置

视金钱如粪土说起来豪迈,但没有人能真正离开金钱生活。金钱,始终应该摆在生活的重要位置,谋生,也应该是生活的重心。有了好的物质基础,才能涉及其他。但是,重心不是一切,你可以为工作安排你的时间,不代表你要为了工作挤压所有的休闲。不能为了追逐金钱放弃一切,而要注意劳逸结合,甚至以逸待劳。

2. 赚钱和花钱都需要计划

金钱很重要,每个人都要学会赚钱,不论是一份稳定、有发展潜力的工作,还是一份持久、有升值空间的投资,会赚钱的人能够维持个人生活的平稳,也能保证各项支出,而不会因金钱委屈自己。

赚钱重要,如何花钱也很重要。有些懂得计划的人,能够做到节省与享受相结合,收入不高,但生活看上去很富足。而那些完全没有经济头脑的人,即使赚了很多钱,也总是出现赤字甚至不得不借债。做什么事都需要计划,不论赚钱还是花钱,都要有一个可行的计划表,把支出与收入核算清楚,才能保证自己始终是金钱的主人。

3. 明白幸福与金钱的关系

金钱是幸福的基础，但不是全部，有时候没有金钱，你照样可以幸福，但没有幸福，再多的金钱也无法给你满足。明白了这一点，也就明白了它们的主次位置。当你手中的金钱足够维持生活时，没有必要为一点小利疲于奔命。现在透支自己的健康，将来需要用更多的金钱去弥补，甚至有了金钱也无法弥补。

幸福是心灵上的感受，享受事业上的进取、生活中的快乐都是幸福。但是，如果事业上的进取变为无止境地追求金钱，生活中的快乐变为不间断地高额消费，即使有幸福感，也是扭曲的，会渐渐变为空虚。将金钱看淡，重视生活的本质，这点更重要。

你缺少的不是金钱，而是心态

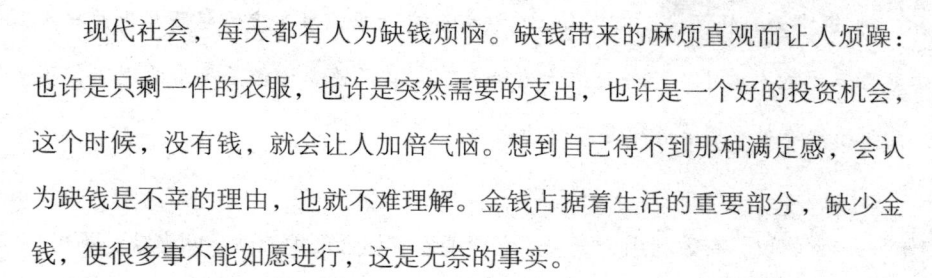

现代社会，每天都有人为缺钱烦恼。缺钱带来的麻烦直观而让人烦躁：也许是只剩一件的衣服，也许是突然需要的支出，也许是一个好的投资机会，这个时候，没有钱，就会让人加倍气恼。想到自己得不到那种满足感，会认为缺钱是不幸的理由，也就不难理解。金钱占据着生活的重要部分，缺少金钱，使很多事不能如愿进行，这是无奈的事实。

经常有人把这句话挂在嘴边："等我有了钱……"仿佛有了钱，一切都会迎刃而解，再也没有烦恼。可是，正如金钱并不代表幸福，缺少金钱也不能代表不幸。最简单的例子，按照"没钱就是不幸"这种逻辑，没钱的人根本没有欢乐可言。事实上，很多没钱的人生活得有滋有味，甚至比富人还要充足快乐，这从根本上说明了不幸与贫穷无关。

而且，有了钱真的就有了一切吗？没钱的人有没钱的人的烦恼，富人也有富人的烦恼，不懂得珍惜当下的生活才是烦恼的根源。生命中总有比金钱更重要的东西，如果你不能发现，不论你是穷是富，都不会有幸福感。相反，如果你仅仅把金钱当作生命的附属品，即使贫穷，也不会有过于强烈的不幸感，如果每个人都能看穿这一点，那么每个人至少在心灵上都不贫穷。

一家美国科研机构针对"缺少金钱会不会降低幸福感"做了专项调研，绝大部分的人相信只要自己的收入能够增加，哪怕只是增加5%或10%，生活就会有极大改善。

可是，研究人员同时发现，做出这种选择的人既有低收入的工人，也有年薪百万的经理级人物，也就是说，所有人都对自己的薪水不满意。即使薪水如愿增加，他们也会出现新的问题，甚至有更多的烦恼。研究人员说："人们通常为金钱烦恼，以为有了金钱就会有幸福，事实上，年薪几千元和年薪百万元的人的不幸感并没有太大差异，与其说缺少金钱是不幸的理由，不如说不能有效利用金钱才是烦恼的根源。"

专家建议，有效利用金钱包括合理地投资和合理地消费，两者缺一不可。每个月、每一年都要拟订财政计划，即使你赚的钱很少。减少不必要的支出，每个月拿出收入的一部分进行固定投资，才能使金钱变成真正的财富。

从这个调研来看，使人们不幸的不是缺钱，而是缺乏正确的对金钱的认识和正确使用金钱的方法。每个阶层都有每个阶层的麻烦，加薪可以解决一部分问题，但不能解决所有问题。没有正确的金钱意识，薪水只能叫作薪水，无法变成真正的财富，这是很多现代人面对金钱常常出现的思维误区。

缺少金钱不能成为不幸的理由，但是让自己多一些金钱的想法并不是错误，有时候因为你不懂利用金钱，导致了匮乏，这是你的失误，所谓的不幸也是你自己带来的。查缺补漏，你需要修炼如何掌控金钱，让自己用有限的资金做出更多的事。为了让自己不那么缺少金钱，下面的方法可供参考，它们能够让你初步具备理财意识：

1. 学会记账

想要控制金钱，就要确切了解你的每一分钱来自何方、花在何处。记账是一个好习惯，账本能够让你清楚地看到现金变成了什么，是变成了生活中有用的东西，还是一笔完全无效的花销。通过翻阅账本，你能很直观地发觉自己不良的消费习惯，并提醒自己下次改正。不然，你只会看着空空如也的钱包抱怨"钱怎么这么快就花没了"，却想不到有多少钱你根本不必花出去。

2. 拟定预算

一份合乎实际的预算能够规范你的金钱，因为有了预算表，在花钱的时候就会有所节制，而生活的"硬成本"是每个月都要首先扣除的，这部分雷打不动的支出因为预算的存在有了切实保证，不会因其他意外而影响基本生活。此外，消费是为了满足需要，要将一部分金钱用在自己的爱好上，不然生活仅仅是干巴巴的生存，谈不上享受。对待自己不可以完全放纵，也不可以十分吝啬，才能保证你快乐的心情。

3. 保险意识

积累财富最重要的是要有长远意识，而消费财富最重要的是要买一个长久保证。在个人财产中，保险意识应该放在重要位置，因为你不能预测人生中可能出现的意外，只能在物质上为这些意外事先预付一笔金钱，以免到时无法应付。保险不只包括人寿保险和财产保险，还应该包括一笔机动性的存款，帮你应付那些突发的麻烦。

4. 眼光要长远

不要因为此时的工作不好、收入不好就总是想要跳槽，目光要放长远，你应该看到的不是你现在能赚多少，而是现在的工作给你带来多少隐性收益，例如经验、机会、接触的事物，这些都是金钱不能买来的，更不要因为一时的贪财做令自己后悔的事，不论是赌博还是孤注一掷的投资，都是应该避免的。理财是一份长久的事业，需要一点一滴地累积和坚持。此外，在教育上的投资也应该引起你的重视，因为人在不断进步，就离不开充电与学习，把一部分金钱放在教育事业上，就是对你未来的最好投资。

当你觉得缺少金钱的时候，要告诉自己这只是一个暂时的现象，你的薪水会不断提高，你的境遇会不断改变，只要你愿意努力。现在不过是你人生中的一个糟糕时期，很快就会过去，不要因暂时缺少金钱而唠唠叨叨，积累自己的财富，开始自己的理财计划，你才会有一个非常美好的未来。

守卫心灵的底线

在赚钱之前，先把钱看淡，是一种难得的心态，一个有头脑、有计划、懂节制的人，不会长久贫穷，他会想办法充实自己、提高自己，让自己更有竞争力，并把自己的劳动和思想转化为更多的物质财富。这个过程就是一个走向成功、实现自我的过程。但是，当一个人真的拿到了足量的金钱，危险也随之而来。

人们常说，金钱是万恶之源。因为有了钱，诱惑也相应增多，很多过去未能尝试的事情，现在可以轻易去实现，这就让人们开始追求享乐，忽略了自己最初的目标。为了享乐，有的人更加疯狂地追逐金钱，甚至开始相信"人为财死，鸟为食亡"，为了金钱违背良心，最后彻底迷失在自己的欲望里。

心灵一旦因金钱迷失，人就会越来越贪婪，忘掉自己的底线，这个时候，他们的世界观也会发生扭曲，认为金钱高于一切，有钱就能买到一切，只有钱才是最重要的。在他们心中，亲情、爱情、友情，一切人与人之间的感情也可以用金钱换算，他们不再相信金钱以外的任何事，只在乎自己是否高兴，不会理会旁人的感受，这就是拜金的危害。如果你没能未雨绸缪，此时也要亡羊补牢，至少不要因为拥有金钱而失去自我。

一位父亲带着儿子去参加一个拍卖会，以锻炼儿子的金钱意识。他对儿子说："我给你500美元，你可以去买自己喜欢的东西，但要记住，你只有500美元，千万不要超过这个数额。"

拍卖会上货品种类繁多，儿子看中一把中世纪的古董刀，刀并不是名贵的物品，但那种古朴的样式很让儿子心动，他听到底价只有100美元。

很快，拍卖开始了，儿子兴致勃勃地出价，当价格超过400美元的时候，儿子的额头冒了汗。随着价格的增长，他发现自己越来越喜欢那把刀，想要拥有的念头越来越强烈。很快，价格超过了500美元，他求助地看着父亲。父亲摇了摇头，最后，儿子只好放弃竞拍。

拍卖会结束后，父亲高兴地对儿子说："虽然你没得到那把刀，但你学到了更重要的东西，就是给金钱限定数额的能力。一个人如果不能控制金钱，就会被欲望左右，为了金钱无所不做。你一定要知道自己究竟拥有多少金钱、自己的底线在哪里，才不会迷失。"

我们要培养对欲望的掌控能力，就像故事中的父亲有目的地训练自己的儿子：一个超过500美元的古董刀并不是经济负担，但既然事先设定了价格底线，就算再喜欢也不能购买。这就是控制能力的培养。这种控制力会换来清醒的消费意识，让你不会为一时的头脑发热付出大笔金钱，而让你的生活出现问题，或者让你无节制地花钱。

现代社会，处处都有消费陷阱，一个人的金钱再多，也应付不了五花八门的消费项目，没钱的人为此绞尽脑汁，富人为此玩物丧志，这都是一种自我的迷失。只有清楚地知道自己买了什么、不能买什么，才能始终保证金钱在为自己服务，而不是被金钱牵着走。那么，应该如何防止金钱上的迷失？

1. 把金钱花在最重要的地方

每个人的价值观不同，消费观念自然也就不同，防止胡乱花钱的最好方法是把金钱尽量花在最重要的地方，其余用作投资和储蓄。最重要的地方可能是生活，可能是学习，也可能是某种个人爱好，只要它能够给你带来真正的幸福感，又对你的生活有所裨益，为其花费多也是值得的。最重要的地方还包括生活中最需要用钱的那些方面，例如家庭开支。总之，钱花在刀刃上，是使用金钱的最佳方法。

2. 面对欲望要懂得喊停

人们之所以为金钱迷失，就是因为有太多的欲望。欲望这种东西没有尽头，你不停下，它就会一直增长，让你觉得无比空虚，试图用金钱填满。但是，如果你懂得适可而止，在适当的时候停下脚步，欲望带给你的就会是成就与满足。

欲望太多并不是一件好事，就像你吃美味昂贵的蛋糕，吃一个、两个的时候觉得口齿甘甜，全身舒服，到第三个也许就觉得发腻，一直吃下去完全不再是享受，而只是满足"吃美味昂贵的蛋糕"这一需要。对待欲望，在最恰当的地方停住，你就是幸福的。

3. 为自己定一个消费底线

欲望不可控，但底线却可以自己制定，强制执行。也许一开始的时候你会觉得憋屈，不管怎么控制还是会超过预设的消费底线，这时候你要对自己采取强硬方法，事先列出购物单，坚决不买超出范围的任何物品；或者带恰好够的现金出门，让自己没有机会去花多余的钱。连续几个月锻炼下来，你渐渐就能规范自己的消费行为，懂得"刚刚好"比"看到什么好买什么"的生活要强很多。

4. 要有慈善概念

也许有一天你会成为一个富翁，或者成为一个相对富裕的人，这时候，你可以保持对自己的节俭、对金钱的谨慎的习惯，但别忘了金钱是身外之物，太多就会成为你的负担，如果能用一部分金钱给予需要它的人，也会给你带来极大的满足感和幸福感。

成熟的人不会视金钱为一切，他们始终用自己的理智牢牢控制着消费，并将金钱用在最应该使用的地方：也许是改变自己的生活，也许是帮助别人改善生活。他们用金钱购买适当的享受，也许这样的人生才是美满的、自由的、充实的。

洗尽铅华呈素姿

在生活中，有的人并不受人喜爱，他们穿的用的也许是最好的，可是开口闭口谈钱，什么都把利益放在第一位，整天对别人说自己多有钱，这种人从里到外都透着俗气，生活得一般的人不愿意与这些人结交，因为他们总是居高临下；真正的成功人士也不喜欢这些人，觉得他们缺少品位，缺少内涵。金钱会给生活带来很多负面影响，心态失衡就是其中一种。

有钱是一件好事，但把周身浸在铜臭味里，让人离得远远的都能闻到，就有失人生的真正味道。人们想要接近你，应该是想要亲近你的思想、性格、才能，而不是把你当作一个活动的钱柜。而且，钱不离口的人，总让人感觉肤浅势利，还会让人想到"为富不仁"之类的词语，尽管你没有做那些事，但你已经给人留下了那样的印象。

　　财富需要善待，而不是依靠财富虚张声势。有城府的人懂得"不露富"的重要。有了财富不要随意显露，要提高自己的生活质量，但不要用金钱把自己装扮起来。一来，可以防止周围的人产生心理落差，因羡慕或忌妒对自己产生反感；二来，可以保证自己的心灵不被外物牵制，一心一意想更重要的事。

　　孙军是个成功的商人，但在朋友圈子里，人们对他的评价并不高，都觉得他"满身铜臭"。尽管孙军开着豪车，住着豪宅，出入高档场合，别人却都觉得他太过看重金钱。他时不时在朋友面前吹嘘自己赚了多少钱，炫耀自己去了哪些国家旅游，住的是什么样的旅馆，他的妻子儿女穿着什么样的贵重名牌……这些都让朋友们觉得太有距离感。

　　在朋友交际上，孙军只爱和那些有权势、金钱的人攀关系，看不起那些不会赚钱的朋友，他甚至公开说"人以群分"，有钱人凑在一起就会越来越有钱，而和没钱人在一起则会变得穷酸。因为孙军的个性，老朋友不约而同地和他疏远，新朋友也看不惯他的拜金行为，就连孙军的亲人也觉得他有点俗不可耐。

　　孙军过着典型的富足的生活，他自我感觉良好，而周围人的感觉却很不好。而且，炫富不能让人觉得你是一个贵族，只会让人觉得你没钱的日子过惯了，有了点钱不知道如何是好，只能拼命炫耀，其实骨子里依然是个上不得台面的人。如果炫富的结果是所有人都觉得你太招摇、太恶俗，那就应该尽量避免，要知道不是所有说这种话的人都在忌妒你，而是你的所作所为太让人看不下去。

每个人都应该有正确的金钱观念，不要把如何赚钱当成生活的全部，注重消费也不是缺点，关键是赚钱是个人的事，不要总是让周围的人分享你对金钱的感受，这种感受对他们而言常常是自卑、鄙视、茫然。而且，人一旦有钱，就更要追求物质和精神上的双重享受，一个满身铜臭的人很难有精神上的追求，所以，在日常生活中要尽量做到以下几点：

1. 不要开口闭口都是钱

真正的成功者很少把钱挂在嘴边，因为那也许仅仅是个数字上的概念。金钱是个好东西，它能够极大地改善我们的生活，满足我们的各种需求，但是，张口闭口都是金钱的人，就像钻进钱眼儿里，只看得到利益，绝大多数的人都不会欣赏。

2. 让自己的精神生活更丰富

笼统地划分，人的生活应该包括两个方面，也就是物质生活和精神生活。能够满足自己的衣食住行，也要同时注意精神生活的丰富，否则，人生就是拼命赚钱，赚钱拼命，然后消费享受，享受消费。这样的生活不能说不好，但多数人都会觉得少了点儿什么。

一个人如果在赚钱的同时也追求精神生活，他的品位必然会不断提高，因为金钱能够为这种追求创造条件。这个时候，他再也不会开口闭口都是钱，而会谈一些更高雅、更风趣、更实际、对他人更有益的话题，因为人的魅力来自人格，而不是口袋里有多少钱。

3. 注意身边人的感受

常言道"谈钱伤感情"，不是说不可以谈钱，而是说你要注意旁人的心情。如果别人帮了你的忙，你直接要给钱答谢，这就把对方的好心当成了有目的的劳动，伤感情；如果你要帮朋友做什么，还没开始做就谈条件，也伤感情；如果你与朋友贫富差距悬殊，你不停地谈钱的话题，引起朋友的自卑或仇富心理，还是伤感情。

而且，开口闭口都是钱的人往往很贪婪，满身铜臭的人常常会让人觉得他会为了钱不择手段，甚至心理已经被金钱扭曲，完全是一个金钱怪物。那些凭借自己的能力赚来金钱又不炫耀的人，会得到人们的佩服；而那些自己赚了钱去帮助别人的人，则会得到众人的尊敬。也许你还没有到达最后一种境界，那么至少做一个让人佩服的人，而不是人人厌恶的拜金主义者。

不要被洁白的"月光"迷住了眼

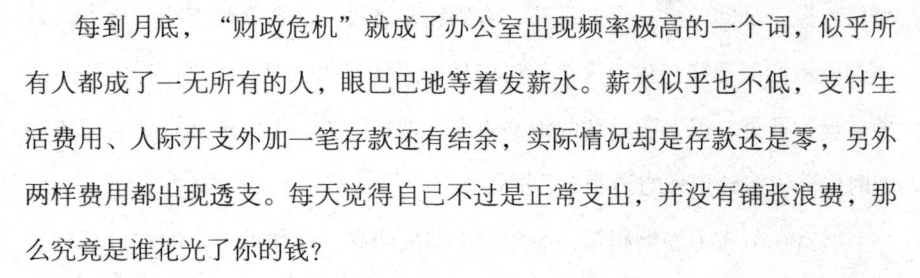

每到月底，"财政危机"就成了办公室出现频率极高的一个词，似乎所有人都成了一无所有的人，眼巴巴地等着发薪水。薪水似乎也不低，支付生活费用、人际开支外加一笔存款还有结余，实际情况却是存款还是零，另外两样费用都出现透支。每天觉得自己不过是正常支出，并没有铺张浪费，那么究竟是谁花光了你的钱？

如果每个人都肯在一个月之内每日记账，就会看到答案。让金钱迅速告罄的罪魁祸首是挥霍。挥霍并不是一掷千金，而是不顾自己的财力，非要贪图一时的满足，导致自己的正常生活出现问题。挥霍最大的特点也是最大的害处就是它本来是一笔不必要的开销，事后你会发现根本不必花这笔钱。挥霍来自于欲望的不满足，而满足这种不合理的欲望，却需要付出极大的代价，至少是现阶段的你不应该承受的代价。

没有经济头脑的人常遇到经济危机，他们认为节约是不懂享受，觉得投资太遥远，宁可未来受穷也要在现在迫不及待地购买享受。前者是"会过日子"的人，后者的日子只会越来越差，他们的工资不断增长，但他们的境遇却一直保持刚工作的时候的状态，甚至异常拮据。

"月光族"是即时消费的拥护者，他们不会为长远打算在外人看来，"月光族"及时行乐，似乎活得很自在，但"月光族"有自己的烦恼，他们常常在月底紧巴巴地朝朋友借钱，每天吃泡面。到了年底，他们更加郁闷，辛辛苦苦工作一年，却没攒下一分钱，不知回老家以后如何对父母交代。

更糟糕的是，"月光族"手中没有不动产，他们永远也不会想到长线投资，所以他们只能靠固定的工资生活，一辈子也当不了富人。

想让自己手里的钱越来越多，首先要想的不是如何赚，而是如何保值、增值，最基础的一点是不要乱花，否则钱永远被你浪费在没有用的地方。并不是说不能买那些与生活无关，仅仅是个人爱好的东西，而是这样的购买需要有度，此外，很多不必要的消费也应该节省。当一个人还处在资金积累期的时候，太多计划外的消费就是挥霍。

财富在节省中慢慢积累，在挥霍中消失殆尽，就像城市里的"月光族"，看似享受了人生，看似风光自在，但他们内心未必没有对未来的恐慌。在消费上，每个人都应该有点儿头脑。参考以下行为，就可以看出你有没有当"月光族"的潜质：

1. 根本不知道自己钱包里还剩多少钱

"月光族"最大的特点就是不知道自己的钱包里还剩多少钱，就算知道，他们也不会在意，他们比任何人都要迷恋即时消费带来的满足感，"看到了什么一定要买下，哪怕明天不知道怎么过日子"，这种看似洒脱实则不切实际的心理其实是一种不成熟的财富心理。

过日子需要精打细算，才能用有限的金钱满足自己更多的需要，而"月光族"从来没有打算，既不为目前的生活打算，也不为未来打算，他们的经济状况始终堪忧。

2. 及时行乐，即使钱不够也要娱乐

及时行乐是"月光族"的信条，"月光族"只看到金钱能给自己带来的一时快感，而把现实生活和金钱更大的价值弃之不顾，所以他们看上去很有能力、很风光，但经济却一直没有起色。

花钱买开心是很多人的追求，但是无论追求什么都要量力而行，那些冲动之下消费掉一个月薪水，回头还对别人说"很爽"的人，多半是在打肿脸充胖子。

3. 消费那些不符合自己收入的商品

再多的钱也架不住拥有者的挥霍，而且，绝大多数的人拥有的金钱不足以满足本人的欲望，因为他们总是盯着那些奢侈的、与自己生活完全不符的东西，想要以此证明自己的品位和地位。就像一个不停追捧奢侈品的小白领，即使工作再辛苦，也要过着捉襟见肘的生活，更有甚者，还要背上债务，甚至为这些商品走上邪路。

4. 喜欢信用卡，甚至"卡付卡"

信用卡是现代社会的产物，也是都市"月光族"的新宠，在没有钱的情况下还能花钱，解决了"月光族"们的一部分需要。但是，天下没有不要钱的午餐，得到一张信用卡容易，但想要退掉信用卡，其过程却无比烦琐，更何况，一旦留下不良信用记录，就会伴随终身。更可怕的是，有些人透支一张卡去弥补另一张卡的亏空，更让自己陷入债务怪圈。

找寻舒适的心境

多年前有一首歌叫《我想去桂林》，里边有这样几句歌词："可是有时间的时候我却没有钱，可是有了钱的时候我却没时间。"无奈地唱出了钱与时间的关系：想要赚钱的人总是脚不沾地地忙碌着，那些不去工作有时间玩的人往往没有足够的金钱。金钱和时间似乎是完全对立的，有了一方就不能有另一方。

金钱和时间的关系远不止"有钱没时间"这么简单，事实上，金钱能够买来很多东西，其中就包括时间。举个最简单的例子，当你想要享受一个与阅读和音乐相伴的下午，你可以拿出金钱雇一个钟点工对你的房间进行大扫除。但是，如果你想着"自己做就能把这笔钱省下来"，你也可以用一个下午的劳动省下一笔钱。这体现出了每个人的价值观不同。

人们的金钱观念应该逐步改造、转变，过日子需要节约，但是，如果事事节约，时时节约，即使手里有钱也让日子紧紧巴巴，赚钱的意义何在？赚钱是为了自己能有更多的闲暇享受生活，而不是让自己工作的时候累，休闲的时候更累。理智的消费观要杜绝挥霍，但也要避免那些不必要的节省，在量力而行的基础上，让自己活得更舒服，才是体现金钱真正的价值。

一个山村里住着一对兄弟，他们每天在地里种田，日子过得很安稳。有一天，邻国发生了战争，国王派遣军队去邻国帮忙平定叛乱，每一天都有军队从山边经过。士兵们来去匆匆，常向居民们买些蔬果干粮。哥哥每天都要带着野果等食物守在路边，将这些东西卖给士兵，拿到一枚枚铜币。对这个生财之道，哥哥很得意，劝说弟弟跟自己一起干。

弟弟却劝哥哥不要浪费时间，因为战争早晚会结束，等到士兵再也不经过这里，哥哥就再也拿不到钱，还会荒废好不容易种下的田地。哥哥根本不听弟弟的劝告，仍旧每天等待着军队的到来。弟弟没办法，只能自己回到田里，继续辛勤耕种。

半年后，战争结束了，军人们很快回乡，哥哥再也赚不到钱，转眼到了冬天，他连过冬的粮食都没有，只好求弟弟接济。更糟糕的是，他连明年的种子都没有准备好，他的生活陷入困顿，只好去帮弟弟种田，以期混上一口饭吃。

这个故事说明了时间与金钱关系的复杂程度。当人们看到赚钱机会的时候，很难克制自己的心动，在短时期内，捞一笔的机会谁都不想放弃。可是，如果没有相应的资金增值方法，还不如脚踏实地地工作。就像故事中的哥哥，如果他能用赚来的钱投资买卖、学习知识，甚至购买一批家畜、购买一些种子，都能让他的生活不比弟弟差。可见有金钱意识虽然重要，也要有时间意识，特别是长远的眼光。

成熟的人知道"一寸光阴一寸金，寸金能买寸光阴"，花钱买更多的时间，而不是反过来，要用金钱换取时间，于是，他们的时间和金钱越来越多。如果你也想要效仿这种聪明，就要首先形成以下观念：

1. 不要为小利浪费时间

觉得钱不够花的时候，总想动点脑筋、花点时间赚些零花钱，如果时间充裕，条件允许，赚一笔外快有益身心还能增加点经验。但是，如果你本身是个大忙人，为了点小钱浪费休息时间；如果你本身是个备考学生，放下复习去做家教，都有本末倒置的嫌疑——是未来重要还是你现在的外快重要？不是万不得已，不要为小利浪费宝贵时间，因为将来有很多赚钱的机会，只要你有足够的精力和资本，你可以赚比现在多很多倍的钱。

2. 当金钱与时间有冲突，果断珍惜时间

时间和金钱有时候会产生冲突，也许是现代社会的压力所致，多数人觉得浪费时间不要紧，赚钱才是最重要的，所以，他们可以为了赚钱而压缩自己所有的时间，包括休息，包括与家人的相处，包括娱乐。理想的生活本来就包括赚钱的时间和生活的时间，二者需要按一定比例均衡，人才能既保证生活的需要，又有幸福的生活感受。所以，除去必须支付的赚钱时间和一定量的加班，不要让金钱挤压自己的所有时间，珍惜时间就是珍惜生命。

3. 用金钱换取时间

有些人愿意投入大笔资金节省时间。其实这不难理解，如果你有大笔存款，雇用一个专业理财师，虽然花费不菲，但实际收益却比你自己胡乱研究、冒险投资得到的更多，而且你还可以用省下来的时间换更多的钱。即使多数人不是富翁，但也要有以金钱换时间的意识。

还要记住的是，钱可以再赚，时间一旦过去就回不来。要明白时间的宝贵，争分夺秒做最重要的事，不论是学习、打拼还是恋爱、玩耍，不要想着"有钱以后再去做"，即使有一天你有了钱，那些年轻的感觉和干劲再也回不来，你得到的只有怀念和伤感。

学会投资，让生活更美好

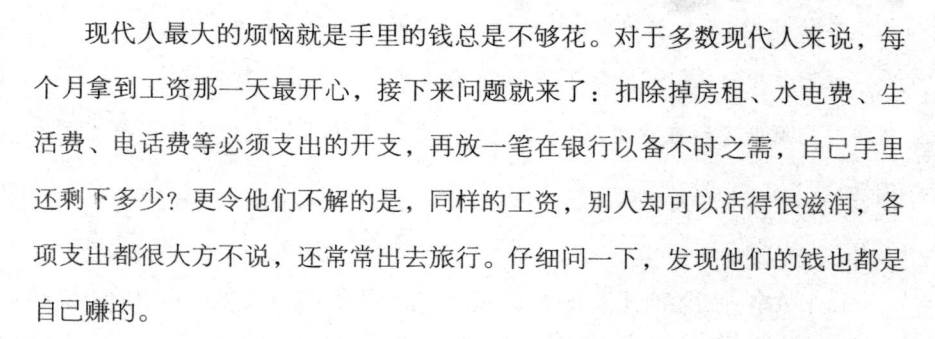

现代人最大的烦恼就是手里的钱总是不够花。对于多数现代人来说，每个月拿到工资那一天最开心，接下来问题就来了：扣除掉房租、水电费、生活费、电话费等必须支出的开支，再放一笔在银行以备不时之需，自己手里还剩下多少？更令他们不解的是，同样的工资，别人却可以活得很滋润，各项支出都很大方不说，还常常出去旅行。仔细问一下，发现他们的钱也都是自己赚的。

人们难免好奇有些人只是普通的工薪阶层，日子却一天比一天快地奔向小康，究竟他们有什么秘诀？自己又和他们差在什么地方呢？如果你愿意多多接触这种"花的钱比赚的钱多还有富余"的人，就会发现他们有个共同特点，就是用赚来的钱去投资，有很强的投资意识。

成熟包括很多方面，超前意识占了很大部分，其中之一就是金钱上的超前意识，即投资。投资意识是成熟的一种表现，金钱如果只是一个数字，早晚有花完的一天，如果把金钱变成可以升值的东西，最基本的例如储蓄，还有股票、国债、不动产、基金，等等，财富就会一点点变多，原本的数字就会不断变大。

有一个贵族即将出远门,他把他的仆人们召集起来,给了每个人一笔金钱,吩咐他们按照自己的意思替他保管。

很久以后,贵族回到家中,又把仆人们召集起来,第一个仆人说:"主人,我用您给的5000金币去做生意,现在已经变成一万金币了。"贵族高兴地说:"你是个有头脑的人,今后你就是我的管家。"

第二个仆人说:"我用您给的2000金币赚了2000金币。"贵族说:"你是个忠心的人,在一些事情上有头脑,我会派给你一些事情。"

第三个仆人说:"您给了我1000金币,我怕弄丢,就把它们埋进地里,现在它们原封不动在这里。"贵族说:"你这个懒惰的人!简直是浪费我的钱财!"

这个故事所阐述的现象被社会学家称为"马太效应"。如果手中的资金不能靠自己的头脑变得更多,它实际上已经贬值。把钱藏起来的确让你保有一部分金钱,但它不会增多,就不会派上更多用场。有了钱不去用,钱等于没用。

会赚钱的人才能更理智地看待金钱,否则说"淡泊名利"也觉得底气不足。一个人可以不贪婪、不吝啬,不为金钱所惑,不为追逐金钱违背良心,但一定要有理财头脑,保证自己的生活。介绍几种简单的投资方法,可以保证你生活在富裕的环境中,而不是时时捉襟见肘:

1. 保证自己手里有多余的钱

手里有多余的钱是投资的前提,因为投资本身是一件有风险的事,不论是基金还是股票，都存在涨跌问题，如果你运气不好，也许所有钱都会被套牢；而储蓄和国债要么收益低，要么战线长，还有一点就是钱放进去暂时根本别想用它。

只有在手中的金钱能够满足生活需求时，才能考虑投资，因为投资的钱有可能有去无回。投资是增长财富的一种方式，而不是赌博，这是对待投资的正确态度。

2. 选择最合适的投资方法

每个人都有适合自己的投资方法，有些人觉得炒股票既有可观的收入，又能锻炼自己的头脑，而且刚好赔得起，赚得起，这就是最适合的投资；也有些人的观念相对保守，买股票的话，天天担惊受怕，既耐不住寂寞也没有分析能力，这样的人也许买个房子更符合心意，也让他更加踏实。总之，投资要选适合自己的那一种，不要随大流，也不要听别人的建议。

3. 投资要有细水长流的意识

不要幻想一夜暴富，把投资看作资金升值的方式，而不是投机。投资既考验眼光，也考验耐力，有些投资方式在短时间内可能看不出什么成果，有时候甚至会让你觉得资金被套牢，很不方便。但是，投资就是一个放长线钓大鱼的过程，只要有耐性一定会有所收获。或者可以这样安慰自己：用这笔闲钱吃喝玩乐也就是花掉，放出去投资，没准能赚回一些。

要理财，而不是要守财。理财的人只要方法得当，一份金钱可能变成两份、三份……而守财的人是守着自己那一点金钱，作风保守，有时为了省钱甚至成了守财奴，这就低估了金钱的价值，也没有把金钱发挥到最大的作用。现代社会，如果自己手中有余款，应该学着去投资，也许不久的将来，你就会获得丰厚的回报。

梅须逊雪三分白,雪却输梅一段香

现代社会,每个人都在追求自己的生存意义和存在价值,其中最外在的标志之一就是物质生活。如果一个人在衣食住行上都能有不错的条件,他的生活至少成功了一半。多数人赚来的金钱全都变为与衣食住行相关的消费,想让自己活得好一点,是每个人的追求。如果自己的生活条件能够引起他人的夸奖和羡慕,心中的满足感就会更进一步。

不过,一旦对这些外在层面的东西过度追求,甚至把"被他人羡慕"当作生活的目的,就会陷入虚荣的攀比。有虚荣心的人见不得别人比自己好,看到别人有什么自己却没有,心里就会痒痒的难受,恨不得立刻有一笔钱超过别人。在生活中,他们的攀比无处不在,不论是邻居买了新的电动车,还是同事用了新款手机,他们都会很快买来更新的东西,以显示自己的生活质量更好,根本不管自己的财政状况,也不管自己早有了好几辆电动车和好几部手机。

修炼人格不但要戒掉浮躁,更要戒掉不切实际的攀比。盲目攀比的下场是凄惨的,首先就是你的生活中多了一堆你根本用不着的东西,那都是看到别人有,自己跟风买来的。跟风的东西一旦过了风潮就会无人问津,于是你买来的东西很快就成了无用的垃圾。此外,你的脑子里也塞满了垃圾,每天盯着别人买了什么、做了什么,以防自己落伍,这时候你还有什么心思打拼事业?

池小姐是一家外资企业的白领，平日最大的爱好就是追求名牌。她每个月都要订阅十来本时尚杂志，立志要做个时尚弄潮儿。她的手机总是随着潮流更新换代，她的皮包能花掉普通打工者三个月的薪水，就连她穿的丝袜也是日本进口的名牌。

　　不要以为池小姐是个小富婆，她只是擅长省吃俭用，把所有工资都砸在购买名牌上。她说这是没办法的事，因为"办公室的员工个个都穿名牌，我不能穿得太寒酸"。池小姐的办公室还有三个员工，一个是月薪近十万的经理，一个是家里很有钱的大小姐，还有一个有个事业有成的老公，对她们来说，奢侈品不算什么。池小姐非要跟上她们的脚步，让自己光鲜漂亮而不顾实际情况，也难怪她总是觉得入不敷出，身心疲惫。

　　虚荣害人不浅，攀比的最重要根源是虚荣以及根本没有自知之明，不知道自己的实力和能力。就像打网球比赛，主动和那些高出自己一些的人较量，能够察觉不足、增加经验，但是要和冠军级的人物较量，却会一头雾水，输得稀里糊涂，只有自尊心上的失落。攀比不是不可以，关键在于你要选对目标，才能让它变为前进的动力。

　　成熟的人最警惕的就是虚荣心，他们知道一旦陷入与他人的攀比之中，金钱就会迅速远离自己，因为比自己有钱的人太多了，想要一一比过去，一定会超出自己的承受范围。聪明的人会将这种虚荣心引导到更实际的方面，例如看到别人加薪而更加努力工作；看到别人报外语班，自己也马上报一个。成熟的人即使虚荣，也会在有用的方面与人攀比，而不是比一些表面化的东西，浪费自己的时间和精力。在对待财富的问题上，应该保持头脑清醒：

1. 不必羡慕别人的富贵

富贵是一个蛊惑人心的词，富代表金钱，贵代表地位。但是，人们对富贵的认识似乎仅仅停留在表面上，认为富贵就是锦衣玉食，就是随心所欲。其实富贵也不是天上掉下来的，有些人能够富贵，是因为他们比常人付出了十几倍甚至几十倍的汗水。

每个人都有适合自己的生活，荣华富贵看着荣耀，未必适合你。试想一下，你为每个月的工资烦恼，数目有一定限度，即使缺少了一个月的工资也不会成大问题，而那些富人每天都在为几百万、几千万的资金烦恼，一个闪失就损失巨大，连带的还有企业问题和员工问题。他们战战兢兢的程度不是一般人能够想象的，换了你，你未必受得了，也未必愿意受。

2. 不要为攀比借债

和人攀比已经让你的生活被虚荣心支配，如果攀比上升到斗气，人们很可能为了"不服输"而花光自己的钱买一时的面子，甚至为此借债。

借债不是不可以，谁都有手头紧不方便的时候，也有想要做事急需资金的时候，不论是为了现在的生活还是为了将来的打算，借债也是一种投资。但是，为了虚荣心借债，只会使你变得更虚荣，到了"债多不愁"的地步，你的信誉也会彻底破产。

3. 保持平常心才会快乐

看到别人生活得好，羡慕别人赚的钱多，这是人正常的心理活动，对待别人的生活要有一种理性而自信的态度：就算他现在生活得比你好，你付出和他一样，甚至比他更多的努力，难道不会活得更好？难道就会比别人差？对待他人的富裕应该保持平常心，过自己的生活。真正的快乐是什么？就是花一分钱就买一分钱的快乐，而不是认为要有多少钱才能买到快乐，快乐只来自于你的内心。

一个成熟的人不会因今日的贫穷而陷入精神上的困窘，他们相信小财积大富，每个人的财富都能逐渐积累；他们也不会让今日的富贵影响对生活的一贯态度，因为钱财毕竟是身外之物，人的一生不能只追求身外的东西。他们以冷静、理性的态度对待财富，主导财富，最终看淡财物，于是就出现了"贫，志不改；达，气不改"的君子之风。

金钱是现代社会不可回避的话题，绝大多数人都在追求财富，却不得不面对两个难题：拥有金钱的人认为再多的钱也买不来心灵上的满足感；缺少金钱的人认为自己的钱总是不够花。前者是心态有问题，后者是方法有问题。

以小财积大富是一种能力，视大富为小财是一种城府。钱财是身外之物，财到眼前若能看淡，人的精力就不会长久被身外之物占据。现代人对待财富应遵循"古老习惯+现代思维"，牢记：君子爱财，取之有道，用之有度，理之有方。